中国大气污染防治政策效应评估
基于环境吸收能力区域差异

EFFECT EVALUATION ON CHINA AIR POLLUTION CONTROL POLICY
Based on Regional Differences in Environmental Absorption Capacity

李 琳 成金华 著

图书在版编目(CIP)数据

中国大气污染防治政策效应评估:基于环境吸收能力区域差异/李琳,成金华著.—武汉:中国地质大学出版社,2022.7

ISBN 978-7-5625-5331-1

Ⅰ.①中… Ⅱ.①李… ②成… Ⅲ.①空气污染-污染防治-环境政策-研究-中国 Ⅳ.①X51

中国版本图书馆 CIP 数据核字(2022)第 120766 号

中国大气污染防治政策效应评估: 基于环境吸收能力区域差异	李 琳 成金华 著	
责任编辑:龙昭月	责任校对:张咏梅	
出版发行:中国地质大学出版社(武汉市洪山区鲁磨路388号)	邮政编码:430074	
电话:(027)67883511 传真:(027)67883580	E-mail:cbb@cug.edu.cn	
经销:全国新华书店	http://cugp.cug.edu.cn	
开本:690毫米×980毫米 1/16	字数:218千字	印张:11.75
版次:2022年7月第1版	印次:2022年7月第1次印刷	
印刷:武汉邮科印务有限公司		
ISBN 978-7-5625-5331-1	定价:68.00元	

如有印装质量问题请与印刷厂联系调换

前　言

　　大气污染防治牵动着一场广泛而深刻的经济社会系统性变革，是全球共同关注的热点和重点问题，是着力解决资源环境约束突出问题的必然选择，是一步步实现"3060"碳达峰、碳中和目标的可靠砖石，是推动生态文明建设和可持续发展的重要内容。习近平总书记强调，坚决打赢蓝天保卫战是打好七大标志性污染防治战役的重中之重，要以空气质量明显改善为刚性要求，强化联防联控，基本消除重污染天气，还老百姓蓝天白云、繁星闪烁。优良的大气环境质量是经济社会发展和人民幸福的根本保障。大气污染防治政策是大气污染治理的法治保障和根本制度。健全完善具有执行效力的大气污染防治政策是提升大气环境质量和打赢蓝天保卫战的重要途径。

　　我国的大气污染防治工作正处于压力叠加、负重前行的攻坚期和关键期。党的十八大以来，我国坚持推行《大气污染防治行动计划》和《打赢蓝天保卫战三年行动计划》并取得了明显成效，但仍面临着区域环境质量严重恶化与经济发展质量急需提高的双重挑战。大气污染问题日益凸显，严重影响到人民生产生活的质量，成为我国可持续性发展进程中的巨大考验。大气污染防治政策效应和优化专题研究具有重要的理论学术价值和积极的现实指导意义。研究大气污染防治政策效应，不断完善优化我国大气污染防治政策体系，严格实行大气生态环境政策制度，是当前和今后一个时期做好大气污染防治的必然要求。持续实施大气污染防治，坚持全民共治、源头防治，更是我国生态环境治理体系和治理能力现代化的战略举措。

　　本书共十章，以污染控制经济学理论和环境约束理论为基础，通过辨析环境吸收能力概念和作用机理，在综合分析中国大气污染防治政策的演变规律和环境吸收能力与大气污染物相关性的基础上，采用双重差分法及其演化拓展模型对中国大气污染防治政策效应进行综合评估，探讨能源消费和社会经济发展因素对政策执行效应的影响机制，为我国完善大气污染防治政策体系和建立大气污染防治长效机制提供决策咨询与参考。

　　笔者强调了环境吸收能力在大气污染防治中的重要性，首次通过自然资源禀赋和人类活动影响等综合要素进行环境吸收能力指数测算，发现环境吸收能力对大气污染治理有着不容忽视的作用，在一定程度上提升了大气污染防治政策的执行效果。同时,在现有的诸多对大气污染防治政策效应肯定评价的基础上,进一步通过拓展的双重差分模型对大气污染防治政策效应进行分时期评价,得到了"大气污染防治政策发挥作用的时间长度是有限的"的结论,并认为总体目标的达成不代表每一期政策的实施效果都是显著的。同时,笔者从政策效应评估结论入手,在模型中引入新的变量,分析了大气污染防治政策效应的影响机制,回答了"大气污染防治政策是否通过约束能源消费实现了对大气污染的治理达到了大气污染治理的目标"及"政策实施过程中的社会经济发展等背景是否对政策执行效果有所作用"这两个问题。从能源消费量、能源消费强度和能源消费结构三个方面,分别分析了能源消费约束对不同大气污染物防治的影响,通过回归结果得到了能源因素的影响作用"有没有""有多少"以及"对不同大气污染物作用有什么区别"的结果。

以上研究发现拓展了大气污染防治政策优化的视角与思路,探索了环境吸收能力研究的新方法,为污染控制经济学理论中的环境吸收能力作用机制提供了重要的理论实证分析支撑,弥补了前人研究中主要考察"目标是否达到"的政策效应评估单一化结论的局限,丰富了大气污染防治政策效应影响机制的相关结论,为增强大气污染防治政策实施的有效性和判断今后政策实施期间是否需进行目标、措施、执行力度的调整和改变制定了更细化、更具体、更具有针对性和实践性的大气污染防治政策,优化了完善大气污染防治政策体系,提供了有启发性的结论与建议。

本书的研究顺应大气污染防治政策优化的必然趋势,响应国家对推进大气污染治理能力现代化的倡议,以实证分析为着眼点,以大气污染防治政策优化为落脚点,更好地满足中国大气污染防治政策优化的理论与实践工作需求,更好地实现经济学与管理学、环境科学的交叉、融合与创新。

在此,感谢研究阐释党的十九大精神·国家社科基金专项"加快生态文明体制改革,建设美丽中国研究"(18VSJ037)、教育部哲学社会科学研究重大专项项目"健康中国视野下习近平生态文明思想研究"(2022JZDZ010)和中央高校基本科研专项资金资助项目"基于多时空尺度的中国环境吸收能力异质性及影响因素研究"(CUGW210801)等项目对本研究的支持。同时,特别感谢杨树旺教授、徐德义教授、吴巧生教授、黄娟教授、张伟教授、孙涵教授、李双林教授、张仲石教授、孔少飞教授等为本书提出的探索性、启发性建议及观点。

李 琳
2022年4月

目 录

第1章 绪 论 ·· (1)
  1.1 研究背景 ·· (1)
  1.2 研究意义 ·· (4)
  1.3 研究思路 ·· (4)

第2章 国内外研究现状与发展趋势 ··· (6)
  2.1 环境吸收能力的概念辨析 ·· (6)
  2.2 大气污染来源及其影响因素相关研究 ································· (11)
  2.3 环境政策对大气污染治理作用的相关研究 ························· (13)
  2.4 大气污染防治政策相关研究 ·· (15)
  2.5 大气污染防治政策效应的评估方法 ··································· (18)
  2.6 研究现状述评 ··· (22)

第3章 大气污染防治政策效应评估的理论基础 ························· (24)
  3.1 大气污染防治政策的必要性:环境约束理论 ······················· (24)
  3.2 大气污染防治政策的阶段性:污染控制经济学理论 ············· (26)
  3.3 大气污染防治政策效应影响机制:能源消费 ······················· (29)

第4章 中国大气污染防治政策梳理与演变规律 ························· (33)
  4.1 中国大气污染防治政策梳理 ·· (33)
  4.2 中国大气污染防治政策演变规律 ······································ (64)

第5章 中国环境吸收能力测度与时空分异 ································ (71)
  5.1 环境吸收能力测度方法选择 ·· (71)

5.2　环境吸收能力指数测度 ……………………………………………… (72)
　5.3　环境吸收能力时空分异规律 ………………………………………… (78)

第6章　环境吸收能力对大气污染物浓度的影响 ………………………… (85)
　6.1　理论假设 ………………………………………………………………… (85)
　6.2　模型构建与变量设定 …………………………………………………… (86)
　6.3　环境吸收能力对 $PM_{2.5}$ 浓度的影响 ………………………………… (89)

第7章　区域大气污染防治政策效应评估 ………………………………… (97)
　7.1　大气污染防控政策实施概况 …………………………………………… (97)
　7.2　政策效应评估模型设计 ………………………………………………… (101)
　7.3　《大气污染防治行动计划》执行效应评估 …………………………… (106)
　7.4　区域性生态环境保护政策效应评估：以长江经济带为例 ………… (119)

第8章　大气污染防治政策效应的影响机制 …………………………… (126)
　8.1　能源消费因素影响机制分析 ………………………………………… (126)
　8.2　社会经济因素影响机制分析 ………………………………………… (144)

第9章　大气污染防治政策优化建议 …………………………………… (148)
　9.1　大气污染防治政策优化理念 ………………………………………… (148)
　9.2　政策体系完善框架 …………………………………………………… (150)
　9.3　具体措施与建议 ……………………………………………………… (155)

第10章　结论与展望 ……………………………………………………… (159)
　10.1　结　论 ………………………………………………………………… (159)
　10.2　展　望 ………………………………………………………………… (160)

主要参考文献 ……………………………………………………………… (162)

附　录 ……………………………………………………………………… (180)

第1章 绪 论

1.1 研究背景

大气污染问题是全球共同关注的热点和重点问题。人类生产生活对大气环境的影响随着人类文明的进步,特别是发展中国家工业化、城镇化进程的迅速推进,而愈发明显和深刻。今天的中国经济始终保持着长时间的高速增长,取得了令世人瞩目的伟大成就。与此同时,在长时间、粗放式、高速度的社会经济发展过程中,中国能源消耗总量不断上升,生产过程排放出的污染物也持续增加。由大气污染、水污染、土壤污染等带来的环境危机相伴而生,特别是大气污染问题日益凸显,严重影响到人民的生产与生活,成为百姓健康生活的"心肺之患",成为可持续发展进程中的巨大考验;加之人民群众对清新空气、干净饮水、安全食品、优美环境的要求与期盼也与日俱增,有效地治理大气污染是当下迫切保障人民群众对良好生态环境需求的重要举措。

优良的大气环境质量是人们健康生产与生活的根本保障。大气污染防治政策是大气环境质量优良的基本保障。大气污染防治是我国生态环境治理的三大攻坚战之一。全面推进大气污染防治,关乎党和国家发展改革全局,关乎人民群众对美好生活的向往,关乎"两个一百年"目标的实现。党的十九大报告指出:"坚持全民共治、源头防治,持续实施大气污染防治行动,打赢蓝天保卫战。"大气污染防治,关键在政策,核心在技术,重点在落实。有力推动、有效落实大气污染防治政策,综合治理大气污染,是坚决打赢蓝天保卫战的重中之重,也是提升生态环境质量的重大举措。充分发挥政策在大气污染防治中的重要作用,增强政策在大气污染防治中的针对性和实效性,坚持和完善大气污染防治政策体系,跟踪开展大气污染防治政策效应评估,不仅是我国当前和今后一个时期做好大气污染防治工作的客观要求,更是我国生态环境治理体系和治理能力现代化的战略任务。

当前,我国大气污染防治政策的实施主要呈现以下几个特征。

一是大气污染防治政策的实施缓解了部分地区的大气污染,但大气污染问题依然严重。自2013年9月党中央、国务院修订颁布《大气污染防治行动计划》打响蓝天保卫战以来,各部门行业和各地区地方政府相继出台了大量的大气污染防治政策。通过调整产业结构,淘汰老旧车辆,围剿"散乱污",努力实现清洁能源替代,大气污染治理成效逐步显现,人民群众的蓝天幸福感不断增强。这些大气污染防治政策的实施直接改善了中国的大气环境质量,切实促进了经济高质量发展与社会安全稳定。尽管取得了如此大的成效,但是我国大气环境质量恶化的趋势尚未从根本上得到遏制。《重点区域大气污染防治"十二五"规划》指出:"大气污染防治形势依然十分严峻,在传统煤烟型污染尚未得到控制的情况下,以PM(particulate matter,颗粒物)和酸雨为特征的区域性复合型大气污染日益突出。"2018年全国环境保护工作会议也指出,大气污染依然严重,某些特征污染物和部分时段、部分地区恶化,对人民群众的生产生活依然造成较大影响。

二是大气污染防治政策实施效果与经济发展方式转变和能源消费模式调整密切相关。我国当前面临污染物减排、城市大气环境质量改善、区域雾霾污染缓解、煤炭消费排放削减等方面的巨大压力,大气污染问题成为我国社会经济高质量发展面临的一个十分突出的问题,也成为了制约我国新时代社会进步的重要瓶颈。在大气污染防治政策制定与实施过程中,大气污染与能源消费之间的关系始终是我国大气污染防治重要领域和现代化建设进程中关注的焦点。大气污染防治政策的实施效果很大程度上取决于经济发展方式的转变和对能源消费约束的效果。在《大气污染防治行动计划》中,十项条例中有五项与能源利用相关,煤炭消费控制目标成为大气污染防治的约束性指标。由此可见大气污染防治政策制定过程中对能源消费约束的重视,这势必会对国家能源消费结构与格局产生重大影响,进而由大气污染防治出发推动国家开展能源消费革命。《大气污染防治行动计划》的实施极大地推进了供给侧结构性改革:全球最大的清洁煤电供应体系建成,燃煤电厂超低排放改造完成,京津冀、长三角、珠三角等重点区域实现煤炭消费总量负增长。

三是大气污染防治政策优化应顺应推进国家治理体系和治理能力现代化的时代潮流。大气污染治理需要久久为功、常抓不懈、长期坚持。大气污染防治政策是环境政策的重要组成部分,随着《大气污染防治法》和相关法规政策、标准措施的相继出台实施,中国逐渐形成了较为完备的大气污染防治法律法规体系。这也促进了我国产业结构的调整优化和经济发展方式的加速转变,极大地推动了我国经济的高质量发展。从大气污染防治政策效果来看,大气环境保护法律制度有许多条款相对滞后,甚至治理技术内容和方式方法缺位,远远不能满足大气环境保护的需要。一些地区没有因地制宜、因时制宜,简单拿来主义,将其他地方的政策生搬硬套,致使一些政策法规空洞,大气污染物源头笼统、指标模糊等,加上执行过程中缺乏可操作性、不接地气,使得一盘棋的《大气污染防治法》等法律法规和技术标准体系成为摆设或花样文章,制约全国大气环境质量的改善进程和达标状态。因此,国家在引导对应国际气候变化、对接国家宏观政策要求时,需要因地制宜、因时制宜地完善微观层面的大气污染防治政策体系,保障大气污染防治法律法规的有效实施,切实推动大气环境质量的改善。

四是推动大气污染防治的系统性、全面性、稳定性、长期性和规范性是应对复杂大气污染问题的必经之路。解决大气污染问题是广大群众反映最强烈、最迫切需要解决的利益诉求,是国家及地方重拳整治大气环境污染的民生工程。快速的城镇化和工业化使得中国必须实施更加严格而具体的大气污染防治措施,从而实现可持续的长久发展。在大气污染防治方面,仅仅靠单一政策调控是不够的,必须将它纳入国家治理体系和治理能力现代化建设轨道上来,这需要政策实施的系统性、全面性、稳定性、长期性和规范性。

当前,我国大气污染防治工作方向比以往有所不同,环境质量控制目标成为大气污染控制指标,考核方式转变为以重点区域、多种污染物同时控制,烟尘、PM 以及 VOCs(volatile organic compounds,挥发性有机化合物)等被纳入总量减排约束性指标中。这需要加大执法力度,提高治理标准和治理能力,进一步健全完善法律制度体系,及时修订大气污染防治制度中不合理、不明晰的法律规定条文。如通过政策法规的精细化,建立完善政策约束机制、规范政府环境行为、环境政策影响评价、生态环境质量标准、监管所有污染物排放、联防联治重点区域污染、大气污染监测预警机制、环境经济政策分析、大气环境信息公开、环境行政处罚、环境税制等方面的法律制度。坚持以问题为导向,实现定量化与具体化相结合,进一步细化大气污染排放标准、污染行为违法规定以及节能减排政策定量化指标,进一步健全完善市场经济机制和区域联防机制,进一步落实责任单位主体和主管部门,由此形成大气污染政策体系和大气环境质量体系的"闭环",让大气污染防治政策的效应充分体现出来。

1.2 研究意义

本书具有重要的理论学术价值和积极的实践指导意义。

理论意义在于:以污染控制经济学理论为基础,将环境吸收能力作为大气污染防治政策实施的重要背景,丰富了大气污染防治政策研究的视角,形成了优化大气污染防治政策体系的相关建议,为大气污染防治政策体系的优化提供了新的思路。当前对大气污染防治研究随着大气污染问题日益严峻而迅猛发展,研究成果迅速增多,其研究涉及经济、政治、管理、法治等众多学科领域。大气污染防治政策导向和技术措施是学界重点关注和攻关突破的方向。现阶段和今后一个时期的大气污染,不再是单一的工业化引起的,更多是属于工业化与城市化共同造成的复合型大气污染。其成因复杂,影响广泛且后果不确定。这更加需要以政策性、综合性和正当性为基本标准来完善大气污染防治法律制度,以适应新时代新阶段大气污染防治的实际需要,并及时纳入国家治理体系和治理能力现代化范畴。

实践意义在于:在实践中推进大气污染防治政策体系的完善,推进大气污染防治政策的实施,为优化大气污染防治政策效应评估机制提供技术支撑与政策咨询参考。及时监督、纠偏,调整能源消费结构,持续不断改善大气环境质量,实现节能减排目标,提升治理能力,加快推进生态文明建设。当前,我国生态文明建设已经进入了压力叠加、负重前行的关键期,进入了满足人民日益增长的优美生态环境需要的攻坚期,进入了有条件有能力解决生态环境突出问题的窗口期。打好大气污染防治攻坚战是科学谋划当前和今后一个时期生态环境保护工作的基础和前提。大气污染防治要坚持标本兼治和专项治理并重、常态治理和应急减排协调、全面治污和区域协调相互促进,多级多策并举,多地联动联防。探讨基于环境吸收能力的大气污染防治政策效应及其影响机制研究发展态势,为国家、政府环保部门和大气环境科技工作者制定大气污染防治政策、采取有效的针对措施提供决策参考。

1.3 研究思路

本书围绕"基于环境吸收能力区域差异的大气污染防治政策研究"这一主

题，从理论分析与实证分析两方面出发，在进行现状分析、文献综述、概念界定的基础上，全面回顾并梳理中国大气污染防治政策的演变规律与特征，利用融合污染控制理论、环境约束理论等基本理论构建理论框架，分析环境吸收能力与大气污染物的相关性，构建大气污染防治政策效应评估模型，探讨大气污染防治政策实施效应及其影响机制，并基于分析结果，提出优化大气污染防治政策的具体措施建议。围绕研究目标与研究内容，本书技术路线如图1-1所示。

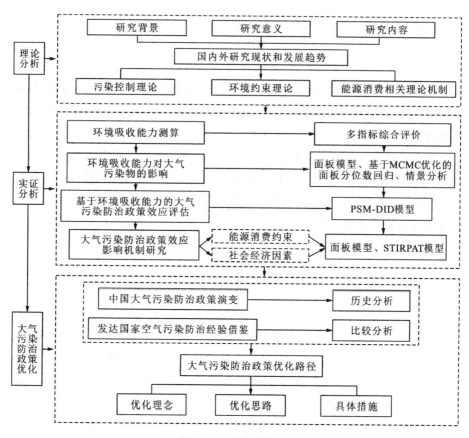

图1-1 技术路线图

第 2 章 国内外研究现状与发展趋势

随着人们对大气污染问题的日益关注,对拥有优良生态环境幸福生活需求的不断增长,世界各国特别是发展中国家政府为解决大气污染问题、应对全球气候变化做出了很多的努力,越来越多的国内外学者为此作了诸多理论与实践的探索。在前人丰厚的研究成果积淀中,我们发现了很多经典的观点和新颖的方案,同时也在此基础上不断地找寻大气污染防治政策优化的新思路、新视角和新方法。

本章从环境吸收能力的概念辨析入手,系统总结当前对大气污染的来源及影响因素、环境政策的作用、大气污染防治政策的历史演变、评估方法和影响机制等方面的相关研究,分析现有研究的有效性与局限性,提出新的大气污染防治政策效应评估思路。

2.1 环境吸收能力的概念辨析

环境吸收能力(environmental absorption capacity,EAC)指自然环境对人类在生产生活过程中产生的废弃物具有自动容纳、吸收和消化的能力,即环境具有自净能力,是维持与保证大气、水、土壤等环境系统自身结构与功能健康的基础(蒂坦伯格等,2011)。从环境吸收能力的概念可以发现,它与环境承载力(environmental carrying capacity,ECC)和环境容量(environmental capacity,EC)等专业名词的概念有所相似,易于混淆。因此,在进行研究阐述之前,本书首先从概念内涵、测算方式与相关研究等方面对环境吸收能力、环境承载力与环境容量的概念进行辨析。

表 2-1 中列举了环境吸收能力、环境承载力与环境容量三者的起源、概念、测算方式等。

表2-1 环境吸收能力、环境承载力与环境容量

	环境吸收能力	环境承载力	环境容量
英文表述	environmental absorption capacity(EAC)	environmental carrying capacity(ECC)	environmental capacity(EC)
起源	由 Tom Tietenberg 于 2011 年提出	由 Robert E. Park 等于 1921 年提出	由 P. E. Forest 于 1838 年提出
内涵	自然环境对人类在生产生活过程中产生的废弃物具有自动容纳、吸收和消化的能力	在自然或人造环境系统不会严重损害的前提下,某一区域环境对人口增长和经济发展的承载能力	以人类生存发展与自然生态平衡为前提和保障,衡量某一区域环境所能容纳污染物负荷的最大值
测算方式	以多指标综合评价为主	能值分析法（Daniel E. Campbell, 1998）；多指标综合评价	$Q_a = \dfrac{V_a \times \sum_{i=1}^{n}(B_{ai}-B_{ai0}) + \sum_{i=1}^{n}C_{ai0}}{1-R_{a0}}$ ①
特征	客观性、相对性、可调性	客观性、相对性、可调性、随机性（高鹭等, 2007）	客观性、相对性、确定性

从起源来看,环境承载力、环境容量和环境吸收能力三个概念的提出不在同一时期。承载力概念的起源可以追溯到马尔萨斯的人口理论（Seidl, 1999; Tisdell, 1999）。环境承载力最早由 Robert E. Park 和 Ernest W. Burgess 于 1921 年在 Introduction to the Science of Sociology 一书中提出（Park et al., 1921）, Arrow 等（1995）在 Science 杂志上发表的论文引发了学界对环境承载力的高度关注。"环境容量"这一概念最早于 1838 年由 P. E. Forest 提出。1968 年,日本学者将环境容量的概念借用到环境保护科学中,提出保护环境要控制污染物排放总量。20 世纪 90 年代后,环境容量被美国、加拿大、澳大利亚等国家广泛应用于人口研究、土地利用和环境保护等领域。环境吸收能力这

---

① Q_a 表示大气环境容量; B_{ai} 表示第 i 种空气污染物的标准值; B_{ai0} 表示第 i 种空气污染物的本底值,即大气环境的自身原始状态; C_{ai0} 表示第 i 种空气污染物的大气同化能力,可以采用国际通用标准值; R_{a0} 表示其他非主要空气污染物占空气污染物总量的比例; V_a 表示大气空间体积, $V_a = S_a \times H_a$ (S_a 为大气空间的有效面积, H_a 为大气空间的有效高度)。

一概念于 2011 年由美国学者 Tom Tietenberg 在 *Environmental and Natural Resources Economics* 一书中提出。

从概念来看,三者概念本身的落脚点和侧重点有所不同。环境吸收能力是指自然环境对人类在生产生活过程中产生的废弃物具有自动容纳、吸收和消化的能力。环境对污染物的吸收和降解介于污染排放与环境负荷产生之间,环境吸收能力的大小直接决定了人类活动产生的污染排放在未经有效干预的情况下有多少会直接造成环境负荷(蒂坦伯格等,2011)。环境承载力是指某一区域的环境对人口增长和经济发展的承载能力(Schneider,1978)。环境承载力主要关注某一区域的最大人口数量,同时还着重关注该区域的人类活动与社会经济发展对环境空间的占用和破坏程度,以及对环境污染的耐受能力(封志明等,2018)。环境容量是一个反映环境净化能力的量,其数值表示一个环境单元中所允许承载的污染物的最大数量,因此,环境容量是一个极限值。

从狭义上看,环境承载力即环境容量,包括大气环境容量、水环境容量等(高鹭等,2007)。依据环境容量的理论特征,本书对环境吸收能力与环境容量的区别进行阐释。以大气环境容量为例,大气环境容量既反映了大气环境的自然特征,又反映了人类对大气环境的需求。如图 2-1 所示,环境容量由两个部分组成,即环境容量为基本环境容量与变动环境容量之和。基本环境容量表示当环境污染物排放量高于环境质量标准时,依靠环境吸收作用达到环境目标所能承载的污染物数量,也称为稀释容量(Q_1)。稀释容量(Q_1)为由顶点 O、C_1、X、P 围成区域的面积 S_{OC_1XP}。变动环境容量表示由于沉降、生物化

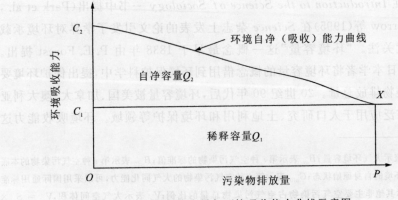

图 2-1 大气环境容量与环境吸收能力曲线示意图

学、吸附、降解等物理作用、化学作用和生物作用,给定环境单元达到环境质量标准所能自净的污染物数量,也被称为自净容量(Q_2)。自净容量(Q_2)为由顶点C_1、C_2、X围成区域的面积$S_{C_1C_2X}$。环境吸收能力则由曲线C_2X表示。

一个地区的大气环境容量与该地区区域内污染源及其污染物排放强度的时空分布、区域大气扩散与稀释能力,以及特定污染物在大气中的转化、沉积和清除处理等因素相关,同时也需要考虑到区域面积和近地表下垫面复杂程度、大气环境功能区划,以及大气环境质量保护目标等。由图2-1可以看出,在没有特大环境污染事件影响整体生态环境质量的情况下,稀释容量基本处于较稳定的状态,而大气环境容量的大小与自净容量的变化关系密切。环境吸收能力的变化直接导致环境自净容量的变化。同时,由环境自净(吸收)能力曲线的走势可以发现,污染物排放量与环境吸收能力存在一定的负相关性。

从衡量测算方法来看,学者们研究环境承载力、环境容量和环境吸收能力所采用的方法有很强的关联性。主流的评价方式从早期的农业生态区法(agricultural ecology zone,AEZ)(FAO,1982)和供需平衡法(刘文政等,2017)等静态评价方法与系统动力学方法(Wang et al.,2014)、多目标规划方法(徐中民等,2000)等动态评价方法到现如今运用生态足迹(Lane,2010)、能值分析(Campbell,1998)等综合研究理论与方法。

现有对环境容量与环境承载力的测算分析方法主要有三类。第一类是简要估算,如修正的A值法,不需要特别了解污染源的布局、排放量与排放方式,也不需要考虑气候、干湿降尘等因素,其结果对地方建设规划决策和区域污染排放总量控制有一定的参考价值,但因其所用参数较少且取值主观性较大,所测量结果与实际大气环境容量有一定的差距(徐大海等,2016;李延宏等,2017;尹稚祯等,2018;鲁洋等,2019)。第二类是采用函数关系分析或数值模拟的方法,选取一个或多项指标来表示环境容量。如空气质量模型模拟法,在调查污染源布局、排放量与排放方式的基础上,通过确定达到环境质量标准的排放量来确定区域的大气环境容量;又如线性规划优化法,依据污染源排放与环境质量之间的相应关系以及环境质量保护目标函数建立线性规划模型,通过最优化方法,选取各污染源的最大允许排放量的总和作为给定条件下的最大环境容量(肖杨等,2008;卢亚灵等,2017)。第三类是构建评价指标体系,运用多指标综合评价的理论与方法进行测算。在对直接构权法、基于环比构权法、函数生成构权法、方差(离散)构权法、相关信息构权法、熵权法等基本方法进行权重赋值的基础上,利用多元统计分析方法、模糊综合评价法、灰色系统方法、DEA（data envelopment analysis，数据包络分析）、AHP（analytic hierarchy process，层次分析法）及分层-组合-群组评价方法等方式来进行多指标综合评价。这类方法因综合性、客观性和科学性较好，是国内学者衡量环境承载力、环境容量和环境吸收能力的主要方式，较为常见。

近年来，一些学者将环境吸收能力概念融入环境评价指标体系中（刘伯龙等，2015；屈小娥，2017），并在环境吸收能力测算的指标选取中做出了贡献。袁晓玲（2019）从环境污染和环境吸收的视角综合大气、水、土壤三大环境要素评价了环境质量，选取城市绿地面积、平均相对湿度、年降水量、水资源总量、湿地面积和森林面积等指标测算了大气、土壤和水体的环境吸收指数，作为环境质量评价的正向指标。在这些研究中，衡量环境吸收能力的指标多为森林覆盖率、林地面积、绿地面积、降水量、水资源总量等反映地区自然条件的指标。部分研究从植物学、气象学、环境科学的视角，采用实验对比方法和监测数据，认为环境中的各个要素对大气污染物有一定的吸收能力；从单一环境资源要素入手，认为森林植被（Zhang et al.，2017）、近地表下垫面（湖泊、湿地）（Liu et al.，2018；Zhu et al.，2018）和气象因素（湿度、降水、风等）（于彩霞等，2018；Ryu et al.，2019）对大气污染物具有一定的吸收能力。

值得一提的是，国内对环境容量和环境承载能力的概念理解与西方发达国家有所不同，其主要原因在于，各国依据自身的国情及环境保护与经济发展的关系所处的阶段来制订环境保护计划。很明显，发达国家已经从经济发展与环境保护的矛盾时期走向了环境质量保护的时期（Zhou et al.，2017）。

综上所述，环境吸收能力是21世纪后出现的一个表示环境对污染物处理能力的新概念。环境吸收能力既不同于反映"某一个环境单元所允许承载污染物的最大数量"的环境容量，也不同于衡量"一个区域所能永久承载人类活动的程度"的环境承载力。其特征与环境承载力和环境容量有相似之处，具有一定的客观性、相对性和可调性。通过测算，环境吸收能力能相对客观地体现一个地区对污染物排放的吸收、自净和消化能力，并且随着环境中各要素的调整，环境吸收能力也会随之变化。因此，环境吸收能力与环境承载力和环境容量虽有相关联之处，但不能与现有对环境承载力和环境容量的概念一概而论。

2.2 大气污染来源及其影响因素相关研究

识别和量化驱动细颗粒物排放变化的影响因素对细颗粒物污染的治理和健康影响控制至关重要。在过去的数十年中，$PM_{2.5}$的主要来源和影响已经被广泛研究。目前，主流的观点普遍认为，建立合理的能源消费结构和产业结构，提高能源利用效率，加强新能源的推广，执行严格的环境政策，推动高质量的经济发展，就可以提高能源消耗和大气污染物减排的绩效（Yuan et al.，2015）。在中国经济发展新常态的背景下，国内诸多学者希望通过利用排放总量控制系统和环境质量控制系统来改善环境质量，确保经济与环境的协调发展（Zhang et al.，2013）。

能源消费是学者们公认的大气污染重要来源与驱动力。许多学者从能源消费量、能源消费效率（强度）、能源消费结构等视角了解$PM_{2.5}$的人类活动来源。Khan等（2016）探索了能源消耗与大气污染在短期和长期的关系，并认为二者存在显著正相关关系。Akhmat等（2014）对35个欧盟国家专家组在1975—2012年间空气污染和能源消耗之间的因果关系进行了研究。张文静（2016）认为提高能源利用效率是减少大气污染的有效途径，且适当地增加科研投入有助于降低能源消费量与污染物排放量。Guan等（2014）利用区域排放清单延伸环境投入产出框架，运用结构分解分析，研究了1997—2010年中国的$PM_{2.5}$排放量变化情况，并认为中国能源利用效率的显著提高完全抵消了经济增长和其他驱动因素引发的排放增长。赵立祥等（2019）认为能源强度对中国大气污染物排放存在促增效应，且二者呈"倒N"形特征。从对能源消费结构调整的研究来看，学者普遍认为：从长期来看，推进能源结构调整、技术进步及优化产业结构是治理雾霾的关键（魏巍贤等，2015）；从短期来看，减少劣质煤的使用是较为有效的途径（马丽梅等，2014）。与此同时，也有学者认为，通过提高能源利用效率和降低能源消费来实现减排在我国是总体可行的，但是单纯依靠节能政策不能解决全部问题，其原因主要在于经济快速增长会带来新一轮的能源消费，从而抵消了节能减排政策的实施效果（邵帅等，2013）。

区域大气污染受到交通排放的强烈影响。因城市化水平提高带来的交通堵塞会在很大程度上加剧城市空气污染（Grote et al.，2016）。Kinnon等（2019）评估了交通运输源的排放对地面臭氧和细颗粒物浓度的贡献，认为重型车辆、船舶和越野设备与地面臭氧及$PM_{2.5}$的累积密切相关,石油燃料生产和销售活动产生的排放也对$PM_{2.5}$有着显著影响,这些运输部门应成为未来减排工作的重点。Sun等(2019)比较了公路改造和轨道交通建设对大气环境质量改善的效果,其实证结果表明城市轨道交通建设对空气质量改善的边际影响大于城市道路改造,并且轨道交通建设对大气污染的减排作用体现在长期。

在影响$PM_{2.5}$排放和浓度的社会经济因素研究中,城镇化水平、人口密度、FDI(foreign direct investment,外商直接投资)、经济增长、产业结构调整、对外贸易等因素是近年来学者关注的焦点(Zhu et al.,2019;Yan et al.,2020),许多学者从这些方面提出了相应的细颗粒物减排和治理措施。经济增长对$PM_{2.5}$排放量的增加有显著贡献(Cole et al.,2011;Xu et al.,2016;Jin et al.,2017)。Hao等(2018)认为经济发展与$PM_{2.5}$浓度的关系是非线性的,呈"N"形曲线和"倒N"形曲线。产业结构的变化,特别是第二产业占比的下降及第三产业和服务业占比的增加对减少污染排放、改善环境质量具有重要作用(Jalil et al.,2011;Stern,2002)。能源密集型产业促进了大部分城市的经济发展,对$PM_{2.5}$浓度有积极影响(Wang et al.,2017)。大多数学者认为,工业比重的增加导致了$PM_{2.5}$排放的增加(Hao et al.,2016),只有少数学者发现工业化与$PM_{2.5}$之间没有明确的关系(Lelieveld et al.,2015)。FDI的流入最初会增加大气污染物的排放,而制度质量的改善有助于降低这种影响(Huynh et al.,2019)。人口密度是造成中国城市$PM_{2.5}$浓度差异的部分原因(Wang et al.,2017)。

由上述文献可知,人们对$PM_{2.5}$的认知有明显提高。然而,大多数研究主要从反省人类自身活动合理性的角度重点关注如何使大气中的$PM_{2.5}$浓度迅速降低,而忽略了大气是作为环境要素中的重要组成部分。一些学者从衡量大气环境容量和环境承载力的角度为$PM_{2.5}$污染物的治理和环境政策的制定提供了依据。例如薛文博等(2014)以环境质量为约束,改进了大气环境容量迭代算法,发现环境容量严重超负荷的区域与$PM_{2.5}$浓度高的地区具有显著的空间一致性。

然而,从前文对环境吸收能力、环境承载力和环境容量的概念辨析可知,三者对$PM_{2.5}$污染物的作用机理存在差异。因此,这些研究并不能涵盖和替代环境吸收能力对$PM_{2.5}$浓度的影响研究。

2.3 环境政策对大气污染治理作用的相关研究

环境政策是环境约束的重要手段之一，有效的环境法规实施将对环境污染水平的长期演变起着决定性作用(Bilgili et al.,2016;Lorente et al.,2016)。近年来，学者们对环境政策有效性的研究有很多，主要有以下几个方面。

1. 对环境约束手段执行效率为评价标准的研究

一些学者就不同环境约束手段之间的效应效率进行了研究。尽管绝对效率评价较为客观，但因表现环境规制收益指标较困难也有争议，针对环境约束效率的评价主要采取相对效率评价方式。叶祥松等(2011)在对我国环境规制效率研究中发现，全国环境约束效率普遍较低，但呈现出上升的趋势，同时呈现"东部地区高于中部地区和西部地区"的状态。宋马林等(2013)在考察中国区域环境效率的基础上，计算了1992年以来中国各省份的环境效率值。他们从区域差异的视角来分析影响环境效率的各项因素，其结果表明，中国需要采取有效措施进一步推动东部地区先进环保技术向中西部省份的转移，加大对中西部省份环境问题的环境约束。张天悦(2014)和原毅军等(2014,2016)采用 DEA 模型分析环境规制政策效率，一致认为环境规制政策对各地区降低污染排放水平有激励作用，但区域间政策效率差异有待进一步考证。

2. 对环境政策约束力度的研究

大多数研究认为，环境政策约束力度越大，环境保护目标实现效果越好。严格而系统的环境约束政策对改变单位产出能耗高、污染排放总量高的局面有积极作用，甚至能改变环境库兹涅茨曲线(environmental Kuznets curve,EKC)的形状和拐点位置(张红凤等,2009)。Hettige 等(2000)研究发现，当收入水平增加时，工业废水排放量会随更加严格的环境约束而逐渐减少。Harrison 等(2015)指出，通过市场化手段提高煤炭价格可以有效降低企业煤炭使用量和大气污染排放水平。沈能(2012)认为环境约束强度的增强能提高TFP(total factor productivity,全要素生产率)的增长率，并从长期来看能提高被约束企业的生产率和绝对竞争力。基于中国国家节能政策及环保要求，谢元博等(2013)等认为通过强化节能减排和污染控制政策优化能源消费系统可以在实现缓解能源消费压力的同时实现大气污染的有效控制。刘伟等

(2014)发现取消煤炭补贴可以降低单位 GDP 的 CO_2 排放。Zhang 等(2020)认为,我国环境规制能够促进资本对能源的替代,且只有长期执行下去才能产生显著的节能效果,而技术创新是环境规制节能效果提高的主要原因。

也有部分学者认为环境政策的作用是负面的。Eli 等(2001)认为"污染者付费"机制会引起企业和政府讨价还价,损失环境治理效率。从长期来看,排污费对企业污染行为的抑制作用是低效的(Greenstone,2002)。王书斌等(2015)通过门槛回归模型发现,环境行政管制仅通过企业技术投资偏好的路径实现空气污染脱钩,而环境污染监管和环境经济约束则通过企业技术投资偏好和类金融投资偏好两条路径实现空气污染脱钩,大规模企业在更高环境经济约束下可能存在脱离实体经济的现象。

3. 环境政策对大气污染治理的有效性在全球不同国家或地区的差异性

在发达国家,各种类型的环境约束手段对其大力治理大气污染起到了积极的作用。Magat 等(1990)研究了美国水污染约束政策对造纸企业污染排放量的影响,结果表明环境政策能在一定程度上减少污染排放量。Auffhammer 等(2011)运用倍差法和断点回归法发现美国汽油标准政策有效降低了 VOCs 和 NO_x 的浓度。Deschenes 等(2017)采用三重差分法发现美国 NO_x 排放交易机制不仅能降低 NO_x 的排放量,而且还可以大大改善公众健康情况。Luechinger(2014)运用 2SLS 方法发现德国电力行业实行的脱硫政策能有效降低 SO_2 浓度。以印度为例,Greenstone 等(2014)发现大气污染政策由于更易调动公众参与而取得了较好的效果。

面对岌岌可危的全球环境,发展中国家在还未达到发达国家经济与环境矛盾节点之时便急迫需要扭转"先污染,后治理"的旧发展模式,一方面要为过去的污染"买单",另一方面要走"边污染,边治理"的可持续发展道路。然而,在发展中国家,环境约束是一个宏观概念。Greenstone 等(2014)和 Alvarez-Herranz 等(2017)的研究认为,环境政策对发展中国家更像是"奢侈品",其较弱的环境约束是环境政策取得预期效果的最大阻力。李永友等(2008)发现中国部分地区试行的排污权交易在经验上还没有显示出它在减排方面的积极效果。高萍等(2009)则认为我国政府通过征收排污费抑制企业排污的管制手段作用并不明显,收费标准较低、执法成本高、实际操作困难是导致征收排污费的治理方法效果不明显的三大原因。包群等(2013)发现当环保执法更加严格或是当地污染相对严重时,环保立法更能有效控制污染排放。涂红星等(2013)分析了环境规制对上市公司绩效的影响,发现对环境的管制措施并没有降低水污染密集型行业的经济绩效。

4. 不同类型的环境政策对大气污染防治的作用

目前,学者普遍认为,在不同类型的环境政策比较中,命令-控制型的环境政策在大气污染防治工作中发挥的作用较市场激励型和公众自愿参与型的更好。在对三类环境政策工具效应对比的研究中发现,命令-控制型和市场激励型政策工具对大气污染治理均有所成效,但公众自愿型的环境政策对大气污染防治并未起到理想的效果(郑石明等,2017)。同时,命令-控制型政策会给经济社会发展带来更多的治理成本(王红梅等,2016)。黄清子等(2019)研究发现,引导公众、企业自行监督的政策是无效的,在规范企业行为方面,命令-控制型政策的实施效果比市场激励型政策更加符合预期,并认为政府直接调整责任主体行为的政策工具优于间接调整手段。

2.4 大气污染防治政策相关研究

1. 大气污染防治政策的历史演变

国内外与环境污染防治政策历史演变相关的学术成果主要依据政策发展历史事实,对政策实施对象、政策手段工具、政策关注内容的变化进行梳理分析。

发达国家的大气污染防治政策演变经过了很长一段时间。以美国为例,美国 1963 年制定的《清洁空气法案》(*Clean Air Act*)后来在 1970 年和 1990 年又历经两次修订(*Clean Air Act Amendments*, CAAA),对美国大气污染的治理起到了关键性的作用。由于美国联邦政府主要设置的环境标准和各州执行的命令交叉,美国的环境空气质量规制逐渐演变为一个混合体。由于联邦政府对1970 年之前的环境分散控制效果很失望,因而开始加大其在环境规制中的控制,并制定了《国家环境政策法令》和 CAAA(1970)。环境保护机构和环境质量委员会一些联邦组织也相继成立。依据 CAAA(1970),美国环境保护局制定了单独的《国家环境空气质量标准》,要求全美所有郡县的 CO、O_3、SO_2、TSP 四种空气污染物浓度达到最低水平。如果任何一个市县的其中一种污染物浓度没有达到联邦标准,该州必须定期提交全面的计划,以便在不久的将来达到这一标准。如果这些标准没有在适当的时候得到满足,各州就有可能失去联邦政府用于资助各州公共产品和服务的资金（Randy et al., 2000；Greenstone，2002）。

中国国内对大气污染防治政策演变的针对性研究相对较少，其主要原因在于之前并未将大气污染问题单独列出并制定相关的防治政策，诸多关于大气污染防治政策的演变研究是以环境政策演变为着眼点来进行的。

张坤民（2015）指出，我国环境保护工作最早可追溯至改革开放初期的"三大政策""八项制度"。我国因独特的经济社会发展特征、公众环保意识和环保立法等方面的问题，面临目前"先污染，后治理"的局面。中国环境政策主要历经了六个阶段：污染物排放标准控制阶段（改革开放前）、排污许可证交易控制阶段（20世纪80年代）、保证金管理阶段（20世纪90年代末期）、环境标志管理阶段（20世纪90年代）、环境管理体系标准阶段及清洁生产与过程控制阶段（自2005年起），由政府直接管控逐渐转变为间接管理约束（吴荻等，2006）。当前，我国所采取的污染防治手段已经从单一的行政监管转向基于经济和技术的综合防治，环境保护政策、环境污染的监管体制与环境保护职能单位之间的联系也逐渐加强（蒋洪强等，2008）。

部分学者从不同角度对我国环境政策演变规律进行了总结梳理。沈满洪（2012）从生态文明建设的角度梳理了我国环保政策发展经历的三个阶段，即由"经济优先"到"单支柱政策"的发展阶段（1978年—20世纪90年代），由"经济环境相协调"向"经济、社会、环境兼顾"转变的发展阶段（20世纪90年代后期—21世纪初期），当前由"环境优先"向"环境引导"转变的发展阶段。郝亮等（2016）从倡导联盟的视角梳理了中国大气污染防治政策，并认为在政策制定的过程中，倡导联盟逐步演化为污染防治联盟、经济增长联盟和科研机构联盟等多个联盟。张萍等（2017）从历史的视角进行分析，认为我国环境治理从重点到全面，现已处于复合型环境治理的新阶段。

2. 大气污染防治政策的有效性

近年来，由于世界对大气污染问题的重点关注，各国政府提出了一系列有关大气污染防治的政策措施，为保证政策的有效执行，推进大气污染防治工作的顺利进行，许多学者对政策的有效性进行了研究和探讨。

了解大气污染防治政策的有效性对未来的政策制定很重要。大部分学者从大气污染物浓度和排放量来评价环境政策的实施效果。Ma等（2019）运用卫星遥感数据分析了PM污染物与各阶段环境政策的协调度。曹静等（2014）发现北京的"尾号限行"交通政策并未显著降低大气污染指数，也没有实现

SO_2、NO_2 和 PM_{10} 等大气污染物的减排。也有一些研究通过大气污染所带来的外部性影响的变化来判断污染防治效果。一些学者研究了"两控区"控制酸雨与 SO_2 的政策对产业效率的非期望外部性影响（Jefferson et al.，2013），对出口贸易的影响（Hering et al.，2014）及对婴儿死亡率的影响（Tanaka，2015）。

2013 年 9 月，我国正式颁布了《大气污染防治行动计划》（以下简称《气十条》），一些学者针对这一政策及其相关政策组合，重点分析了该政策对我国大气污染问题，特别是细颗粒物（$PM_{2.5}$）污染的防治效果。

大多数学者认为，《气十条》的实施对大气污染物排放控制有一定的积极作用，但仍存在治理效果不理想的情况。自 2013 年《气十条》发布以来，我国开展了针对细颗粒物污染治理的一系列举措，在燃煤污染和移动源污染控制等领域取得了显著成绩，全国空气质量明显好转（王韵杰等，2019）。Zhang 等（2019）证实了中国大气污染防治行动的有效性，并认为加强工业排放标准、工业锅炉改造、淘汰落后工业产能、推广居民使用清洁燃料是减轻 $PM_{2.5}$ 污染的重要措施。周杨等（2020）认为，《气十条》的实施明显改善了四川省内江市的大气环境质量，SO_2 和 NO_x 的排放得到有效控制，$PM_{2.5}$ 中的 SO_4^{2-}、NO_3^{2-} 质量浓度分别下降了 47% 和 25%；同时，燃煤工业源、二次硫酸盐、二次硝酸盐和扬尘源对 $PM_{2.5}$ 的贡献量下降。李浩然（2018）认为，《气十条》将治理燃煤小锅炉和加快推行煤改气放在工作的首位，其实施显著缓解了北方地区因冬季供暖而造成的空气污染。薛涛等（2020）发现，2013—2017 年间中国人口加权的 $PM_{2.5}$ 年均浓度显著下降，与此同时，与 $PM_{2.5}$ 长期暴露相关的超额死亡人数也显著下降。杨斯悦等（2020）提出，在《气十条》实施后，京津冀、长三角、珠三角等区域 $PM_{2.5}$ 浓度显著下降，但各区域和城市的大气环境质量绝对值仍未达到国家控制标准。也有部分学者认为大气污染物目标难以实现。石敏俊等（2017）在环境承载力分析的基础上评估了 $PM_{2.5}$ 治理的政策效果，认为京津冀地区的大气环境容量小于《气十条》减排计划中所要求的京津冀地区大气污染物排放量，《气十条》所规定的 $PM_{2.5}$ 浓度减排目标难以实现。

3. 大气污染政策效应影响机制

我国大气污染防治政策的执行普遍存在"先污染，后治理"、监管机制不完善、相关部门的职能不明确等问题（张永安等，2015）。影响大气污染政策执行效应的因素来自多方面，学者对开展并完善大气污染防治政策的探讨主要集中在对污染排放采取一系列政策体系的研究，以及对环境政策本身、政府执行和监管力度等因素的分析(冯贵霞,2016)。Gong(2018)将影响大气环境保护政策结果的因素归纳为政府部门的权力因素、政策主体的策略行为因素及社会资本因素。

杨洪刚(2009)认为,命令-控制型环境政策实施的有效性与政策本身存在的设计缺陷密切相关,同时,环境管理体制和政府管理能力也是影响政策实施效应的重要因素。鲍自然(2012)认为影响环境政策执行的因素在于环境政策本身的质量及所执行的内容、环境政策实施的背景,以及社会力量的监督等。包群等(2013)考察了地方环境立法监管的实际效果,发现只有在污染严重或环境保护执法严格的省区市,环保立法才拥有显著的环境质量改善效果。赵新峰等(2014)认为当前区域大气污染防治政策不协调、地区间经济发展失衡、联防联控机制不完善和环境管理碎片化是主要原因。周肖肖等(2015)的研究指出,因经济-环境-能源系统的复杂性和动态性,环境政策的节能效果取决于政策执行力和偏误程度,此外,环境约束政策的科学性和可行性也会直接影响其政策实际效果。王延杰(2015)指出,金融政策与财政政策推行的不尽协调是制约京津冀地区大气污染治理的主要原因。Jin等(2016)认为,促使我国大气污染防治政策变化的驱动因素主要包括中央政府与地方政府间权力分散后再集中的动态过程和大型活动期间短期却有效的区域大气环境质量管理。郝亮等(2016)认为,资源分散和对政策取向学习支撑的不足是我国大气污染防治政策存在滞后、缺位与失衡的主要原因。Wang等(2020)基于23个OECD (Organization for Economic Co-operation and Development,经济合作与发展组织,简称经合组织)国家1990—2015年的面板数据,分析了环境政策的严格性对空气质量的影响,认为环境政策严格程度对$PM_{2.5}$排放的影响微弱,原因主要在于$PM_{2.5}$产生的过程较为复杂,环境政策难以实施,且环境政策的执行者没有给予足够的重视。吴柳芬等(2015)指出,雾霾治理政策是我国当前政府主导能力和公民参与程度相互博弈的结果,应该注重更加合理的体制机制建设,促进公众与政府之间互动的常规化、制度化、理性化。曲欣(2019)认为,政府推动主要大气污染治理政策的效果并不明显,而公众行为和企业行为则对执行进度有一定的影响。

2.5 大气污染防治政策效应的评估方法

James Heckman曾提出,政策效应的评估有两个主要方向:一是评价现有的已颁布实施的政策的效应;二是评估预测已颁布实施的政策在未来新环境中的效应和尚未颁布实施的政策在未来新环境中将会产生的效应。当前,政策效应的评价大多只关注了第一个方向。对现有政策措施所产生的效应进行评价的方式有很多,主要分为以下几类。

第一类,依据研究对象在政策实施前后的变化趋势状态来判断某项政策或措施的出台是否对其有影响。这类政策的评价主要考察政策实施前后环境质量本身的变化情况,并假设政策的实施是造成参与个体前后变化的唯一因素。傅伯杰等(1998)通过废弃物、废水、废气排放和治理的情况分析了中国各省环境治理投资效果,阐述了中国的环境政策效应与污染治理效果。邱兆祥等(2013)运用线性回归模型分析了2008年北京市机动车限行政策施行后的空气质量变化。Dong等(2019)通过构造两部门模型讨论了不同类型的补贴对环境质量的影响。

在此基础上,工具变量(instrumental variables,IV)模型在政策效应评估模型中被广泛使用,认为政策效应可由偶然发生的事件或工具变量来预测,且工具变量与最终的结果变量并不关联。其特点在于将工具变量预测的受政策影响的个体同预测的未受政策影响的个体进行比较,若工具变量对政策实施效应的预测能力有限,工具变量则缺乏解释效力。工具变量常被应用于一些在理论与实际上相关性较高但在模型呈现中受限的情况,是用于解决内生性问题的有效方法。韩峰等(2011)构造工具变量修正 GARCH(generalized autoregressive conditional heteroscedasticity)模型评估外汇干预决策效应。

第二类,依据政策的类别不同,选择与政策类型相应的方法进行效应评估。这类方法中有非常经典的断点回归(regression discontinuity,RD)、合成控制法(synthetic control method,SCM)和双重差分法(difference-in-difference,DID)等。

第一种是针对"一刀切"政策的执行效应评估。这类政策常见于产业发展过程中,例如行业的准入标准所规定的门槛和范围非常清晰,政策的作用对象明确,同时,符合政策条件的作用对象会有较多的资源支持。针对这类政策的效应评估,断点回归是一个较好的选择。断点回归最早由 Thistlethwaite 等学者在1960年提出,可以进一步分为模糊断点评估法(fuzzy RD)和清晰断点评估法(sharp RD),其核心在于确定政策的"一刀切",通常将某个因素作为政策门槛的基础,设定某个临界值为门槛值。当某一个体该因素的值大于或等于门槛值时,则表示该个体属于政策干预范围,否则不会受到政策的影响。断点回归能有效避免参数估计中的内生性问题,进而能够真实反映变量之间的因果关系(Lee et al.,2008)。相较于其他因果关系分析,断点回归能更加接近准自然实验,是准实验方法中最具可信性的方法(Thistlethwaite et al.,1960)。

在现有的研究中,诸多学者运用断点回归模型对环境约束效应或某项政策所产生的环境效应进行了评价。Davis(2008)使用断点回归对墨西哥城1986—2005年的污染物数据进行了分析。Chen等(2013)使用断点回归法探讨了以淮河为界的供暖政策对中国空气中悬浮颗粒总量的影响,并认为政策实施对淮河两岸城市的空气质量影响很大。席鹏辉等(2015)使用断点回归法分析了区域大气污染与环保投入之间的关系。孙坤鑫等(2017)运用断点回归检验了更严格的机动车排放标准对大气环境质量的改善作用。Shi等(2019)采用断点回归方法探讨了不同地区大气污染等级与空气质量改善的关系。

第二种是针对"试点"型政策。这类政策的特点在于,仅选择一个或极个别的地区作为试点,试点地区通常较为特殊,并且很难找到合适的非试点地区作为"反事实"参照组,因为没有其他地区的情况与试点地区的情况完全相似。针对这类政策的评估,合成控制法(SCM)是一种合适的方法。合成控制法通过了解控制组内每个个体并根据自身数据特点的相似性确定权重,构成"反事实"事件中所作的贡献,按照政策实施前的预测变量来衡量处理组与控制组的相似性。张俊(2016)运用合成控制法研究了2008年北京奥运会举办对北京市空气质量的影响。赵如煜(2019)运用合成控制法评价了G20峰会前后实施的环境保障措施对浙江省内城市环境空气质量的影响。

合成控制法可以视为双重差分法在算法上的一种拓展。与双重差分法相比,合成控制法不需要寻找严格的控制组,减少了主观选择的误差,相较于传统的针对两年截面数据的DID模型有较高的拟合精确度,但这也体现了合成控制法的一些局限。合成控制法对数据的要求较为苛刻。第一,运用合成控制法所使用的数据需为面板数据。第二,合成控制法作为一种非参数方法,其基本假设来源于政策干预前干预组和对照组的平衡,这需要较长时间的纵向数据支持,面板数据最好可以反映出政策冲击前15年以上和政策冲击后5年以上的情况,因此,不适用于跟踪调查评价所产生的微观数据。第三,对照组不超过10个,不适用于对照组无限大的情况。第四,选取的变量不能波动性太强,否则,通过合成控制法得到的结果不会很理想。此外,合成控制法无法用于极端样本,对内生性、异方差和自相关等问题,合成控制法并没有予以很好地解决。

第三种是针对非一次性实施、涵盖多个地区的政策。双重差分法(DID)较为适合对这类政策的效应评价。Heckman 等(1986)最早提出运用双重差分法对社会公共政策的实施效应进行评估。此后,DID 逐渐成为评价政策效应的经典方法,研究和应用成果层出不穷。

双重差分法允许不可观测因素的存在,放松了政策评估的条件,使得政策评估的应用更接近现实。双重差分法的主要优点在于,可以部分缓解因变量选择偏差而导致的内生性。此外,双重差分法可以进一步扩展到多时期和多实施地区两种情况,通过对模型进行进一步变化与拓展,有利于对政策评价加以优化,得出更加精确的研究结论。与此同时,双重差分法也拥有自身的局限性。第一,双重差分法对数据的要求更加严格。该方法以面板数据为基础,要求数据量大,对横截面单位的数据和研究个体的时间序列数据都有要求。第二,双重差分法拥有较强的假设,即平行趋势假设。该假设要求在政策实施之前,处理组与控制组的目标变量随时间趋势的变化路径基本平行,若不满足这一假设,传统的双重差分法则有可能出现系统性误差。第三,双重差分法假设环境因素冲击对处于相同环境中的个体会产生相同影响,该假设并未考虑到个体所处的环境对个体的不同影响。在与实际情况不符的情况下,这可能会出现问题。沈坤荣等(2018)采用 DID 双重差分法,得出"河长制"在地方水污染治理实践过程中达到了初步的治理效果的结论,并认为水中深度污染物浓度降低效果不显著。Qiu 等(2017)运用双重差分法检验了 2004—2014 年中国绿色交通政策对 SO_2、NO_2 和 PM_{10} 污染物排放量的影响。李树等(2013)探讨了我国修订《大气污染防治法》的效果,并认为这种政策显著提高了大气污染严重行业的全要素生产率。

为了弥补这些局限,一些学者对双重差分法进行了扩展:一方面考虑模型中不受控制的因素,进一步放松应用条件;另一方面考虑将其与匹配法相结合,提出新的估计量。Heckman 等(1997)提出了"条件 DID 估计量"这一新的估计量,将匹配法与双重差分法相结合,降低选择偏差,使结果更加可信。Li 等(2018)运用 PSM DID 模型分析探讨了非政府环境组织所扮演的角色在中国城市环境治理中的作用差异。

第三类,政策评价方法依据实验方法与非实验方法分类,随机实验方法主要测量两个变量之间的因果联系,同时,处理组与控制组在统计上须保持同质。除上述的前后比较、双重差分法、断点回归、工具变量法等方法外,倾向匹配法是非实验方法的代表。根据控制组的选择方法不同,倾向匹配法可以划分为协变量分配(covariant matching,CVM)和倾向得分分配(propensity score matching,PSM)。Rosenbaum 和 Rubin 于 1983 年提出 PSM 倾向匹配法,用于消除混合因素所引起的偏差(Rosenbaum et al.,1983)。PSM 允许将一个处理组中的个体和其他没有参与但具有可比较特征的个体进行匹配。与其他匹配方法相比,PSM 的创新之处在于,通过降低维度来简化匹配从而克服了 CVM 的劣势,不要求每个特征进行一对一匹配(Dehejia et al.,2002;Peikes et al.,2008)。这一方法近些年被广泛应用于医药、经济、政策评估等领域,成为政策效应评估中最常用的方法之一。

第四类方法是依据影响政策作用的因素来评估政策实施效应。这类方法主要采用多指标综合评价方法,通过构建评价指标体系,衡量政策的颁布实施所产生的效应。多指标综合评价的具体方法与其各自的优劣在第 5 章已作详细描述,此处不再赘述。

2.6 研究现状述评

第一,通过对环境吸收能力、环境承载力和环境容量概念的辨析,我们可以发现:①环境吸收能力、环境承载力和环境容量三者之间存在一定的联系,但在概念上也存在本质上的区别。②在环境吸收能力测算方面,现有研究中对环境吸收能力测算工作较少,从未从单一污染问题,如大气污染、水污染、土壤污染问题入手进行测算,选用的指标以体现地区自然条件为主。③目前对环境承载力、环境容量的研究仍旧更多地关注于环境所能承载人类活动的容量极限值或最大值(黄贤金等,2018),对环境污染物从排放到累积过程中环境的自净、吸收和消化能力关注不够,对环境吸收能力的研究仍面临严峻挑战。

第二,从对 $PM_{2.5}$ 的来源和影响因素的相关研究可以发现:①学者们对造成 $PM_{2.5}$ 排放差异和变化的来源,以及影响 $PM_{2.5}$ 浓度时间变化和地区差异的驱动因素进行了深刻的研究,对 $PM_{2.5}$ 污染的治理也形成了一定的思路;②大多数研究主要从反省人类自身活动合理性的角度重点关注如何将大气中的 $PM_{2.5}$ 浓度迅速降低,而忽略了大气是作为环境要素中的重要组成部分。环境各要素本身具有一定的自净能力,在考虑这一因素后,对 $PM_{2.5}$ 治理是否能够形成新的思路和措施,是值得探讨的问题。

第三,在对我国环境政策和大气污染防治政策相关研究进行梳理的过程中,笔者发现,大气污染防治已经成为了一种不容忽视的公共问题,其属性与涉及范围十分复杂。①关于政策变迁的研究主要结合大历史背景下的环境保护政策变化及相关信息总结中国大气污染防治政策工具分类演变过程,专门针对大气污染防治命令-控制型政策的梳理工作较少。②命令-控制型环境政策较市场激励型环境政策效果更好,当市场激励型环境政策离开了命令-控制型环境政策单独实施时,政策实施效果较差。③自"十一五"计划以来,中国实施了严格的大气污染控制政策,给大气污染防治带来了一定的积极影响,但我国大气污染治理政策对 $PM_{2.5}$ 污染改善的效果仍缺乏综合评价(Ma et al.,2019),并且,学者们对政策效应评估及其影响机制的研究结果分歧较大。有学者认为政策效应显著,也有部分学者认为,环境政策的实施效果不太明显,加之多数文献将结论集中于"政策的实施是否对大气污染防治有所效果",鲜有深入探讨政策效应的时空因素及其影响机制,这些问题仍需进一步探寻科学充分的理论依据。

第四,我们在前人对大气污染防治政策效应的影响机制研究中发现,当前诸多针对影响大气污染防治政策效应的因素的研究多将重点放在政策结构缺陷上,即指出影响政策效果的原因在于政策不协调、政策主体不明确、执行监管力度不够等方面。这些学者普遍认为,大气污染防治效果不理想,要么是因为我国政府制定的政策无法达到环境保护的目标,要么是因为环境政策执行不到位。因其评价视角的差异,这些结论过多地将政策实施效果的核心局限在政策和政策执行者本身,既未考虑政策实施后社会经济的发展、技术水平的进步和公众素质的提高等因素是否对政策执行效果有明显的影响,也未体现政策所约束的对象在政策实施期间所发生的变化。

第五,基于对大气污染防治效应相关评估方法的综述,本书将依据政策本身的特征和数据范围选择合适且能够帮助回答研究问题的方法。

第3章 大气污染防治政策效应评估的理论基础

本章旨在梳理总结大气污染防治政策效应评估的相关理论基础。首先从环境约束理论来阐述大气污染防治政策实施的必要性,明确环境政策是减少环境负外部性的有效途径,并且环境政策有多种方式可以采纳。其次,从污染控制理论的视角入手,引申环境吸收能力与大气污染治理的相关研究理论,明确了环境吸收能力在理论框架中所处的环节及作用。最后,描述环境约束政策效应影响机制,主要梳理了环境约束对能源消费的直接作用机制和间接作用机制,并通过前人的理论经验与实践经验,阐述了能源消费总量、能源消费结构、能源消费强度对大气污染物排放的影响机制,分析了环境约束在污染来源、污染排放过程和污染治理的大气污染控制过程中所起到的作用及其重要性。

3.1 大气污染防治政策的必要性:环境约束理论

自然环境是人类生产生活和发展的重要载体,负外部性是环境污染问题产生的理论根源。环境资源作为公共物品所体现的稀缺性和产权的不确定性,使得交易费用十分昂贵。这些为政府采用环境约束手段保护环境不受污染提供了依据。环境约束是人类文明发展进程中必然会出现的现象。在人类工业化早期,成本和收益是约束微观经济主体实现效用最大化的最主要因素,而随着工业化、城镇化的不断推进和环境问题的逐渐凸显,人们对效用最大化的概念理解也不仅仅局限于以金钱来衡量,经济发展与环境保护相平衡的状

第3章　大气污染防治政策效应评估的理论基础

态成为实现效用最大化的主要努力目标,人民日益增长的美好生活需要和不平衡不充分的发展之间的矛盾渐渐浮出水面,因此,政府开始采用环境约束手段来加快实现经济发展与环境保护的平衡。

从宏观上来看,环境约束理论要求环境质量的变化能够满足约束条件;从微观上来看,环境约束主要体现在自然生态环境对生产者和消费者效用最大化行为的影响。对于生产者而言,环境质量会影响生产要素的投入及生产的效率;而对于消费者而言,环境质量作为一种正常物品,好的环境能够增加消费者的效用,反之则会带来负效用。

环境约束理论在发展过程中不断由公共利益约束理论、约束俘虏理论、激励性约束理论等相关理论来逐步完善。在这些相关理论中,政府代表着社会公共利益,在市场失灵的时候约束不公平或无效率的行为。通过对约束结果和经济有效性进行分析,Stigler(1971)发现,部分微观经济主体会在约束中利用政府权力为自己谋取利益,进而使得约束被个人和利益集团所利用,增加较大利益集团的利益(Peltzman,1976)。为避免环境约束受这类因素影响,Roberts等(1976)设计了一种排污许可证加排污费或补贴政策的约束方式,Laffont等(1991)也提出要制定激励机制来提高约束被俘获的成本。激励性约束理论的引入使得环境约束理论得到进一步的突破,在保持原有约束结构的条件下,正面引导企业提高生产效率和经济效率。

环境约束一方面体现为资源环境及其相关产品的价格变化,另一方面直接体现为政府干预,而政府干预是环境约束最普遍的表现形式,为改善环境质量而对微观经济主体进行管制。环境约束的强度也能间接反映环境对经济增长的约束强度(卢忠宝,2010)。

环境约束可以分为正式和非正式两种。正式环境约束一般是指政府以行政命令为主对环境资源利用的直接干预,表现为具体显性的管制政策,可分为命令-控制型、基于市场的激励性和资源性环境约束。非正式环境约束则主要是一种自发的、不具有立法性的相对隐性的环境约束手段,主要是指个体的环保意识、环保态度和环保观念等(图3-1)。

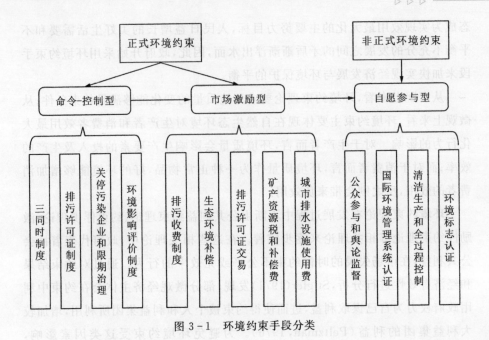

图 3-1 环境约束手段分类

3.2 大气污染防治政策的阶段性：污染控制经济学理论

根据 Tom Tietenberg(2011)在《污染控制经济学》一书中对污染控制的解释,污染是指由自然或人类活动向环境中添加某种物质并超过环境自净能力而产生危害的行为。污染控制理论建立了一个污染排放与控制的基本框架,为理解控制污染物的政策手段打下基础。

环境政策对大气污染排放的约束体现在对大气污染控制过程中的各个环节。首先,环境约束手段会聚焦于控制污染来源。这部分的约束主要表现为对农业、工业、生活等固定污染物排放源头和交通运输等移动污染物排放源头进行管理与控制,在实际中,多为对各污染源的能源消费结构、技术标准、清洁装置等方面的制约。其次,环境约束会致力于控制减少大气污染物的排放量,降低空气中的各项大气污染物浓度。在实际中,各行业、各类污染物的排放标准是主要体现。最后,环境约束会加强污染排放后的治理工作,旨在监督审查各类污染物排放后的环境状况,并提供有效的净化措施,同时,依据污染物累积后的状态,追溯对污染源的约束,及时适当逐步调整对大气污染上游环节的约束力度和约束方式。具体情况如图 3-2 所示。

第 3 章 大气污染防治政策效应评估的理论基础

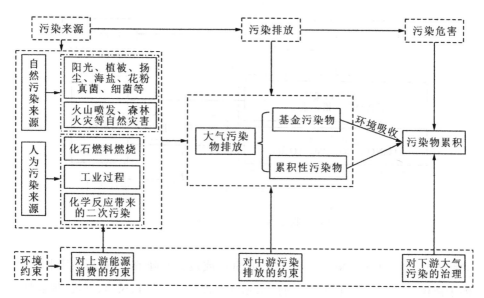

图 3-2 大气污染排放与环境约束过程

在污染控制理论中,环境吸收是其中一个重要的概念和环节。如图 3-3 所示,环境吸收能力的作用介于污染排放到环境负荷产生过程中间,环境吸收能力的大小直接决定了人类活动产生的污染排放在未经有效干预的情况下直接造成环境负荷的大小。虽然在工业革命之前,人类一直以来都有向大气环境的排放活动,但那时人类活动能力与规模相对较小,大气环境吸收能力足以分解污染物质,因而不会造成大气污染。人类文明进入工业化阶段后,社会生产力大幅提高,人类利用和改造环境的能力增强,资源消耗和废弃物排放也随之急剧增长。当大气污染物大量增加并集中排放且超过大气环境的自净能力时,大气环境开始受到污染。

依据环境对污染物的吸收能力,大气污染物可分为基金污染物(fund pollutants)与累积性污染物(stock pollutants)(蒂坦伯格等,2011)。基金污染物是指环境对它有一定吸收能力的污染物。累积性污染物是指环境对它没有或只有很小吸收能力的污染物。二者的区别在于,基金污染物进入空气、土壤、植被或水体后,或被转化为对人类和生态系统造成较小危害的物质,或可能被分解和稀释到无害的浓度。臭氧(O_3)、氮氧化物(NO_x)、一氧化碳(CO)、颗粒物(PM)、二氧化硫(SO_2)等大气污染物被视为基金污染物。O_3 主要来源于 NO_x 和 VOCs,二者经过光照作用在空气干燥的环境下形成 O_3,O_3 可以被

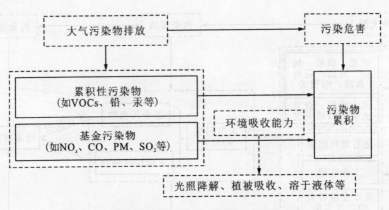

图 3-3 环境吸收能力作用示意图(据蒂坦伯格等,2011)

光解而转化成氧气。NO_x、CO、PM 和 SO_2 或被光照降解,或被植被吸收,或溶于液体。它存在于环境中的时间依据受温度层结、风向、风速、湿度、地表性质等因素影响的环境吸收能力而定。VOCs、铅、汞等污染物被视为累积性污染物。VOCs 大多不溶于水,所表现出的毒性、刺激性对人体有很强的致癌作用,对中枢神经系统有麻醉作用。同时,VOCs 具有相对强的活性,不仅可以以一次挥发物的气态形式存在,也可以通过紫外线的作用生成固态、液态或二者并存的二次污染物,在环境中长期持久存在。我国对 VOCs 防治具有严格的工作方案(《"十三五"挥发性有机物污染防治工作方案》)。铅因其无法被降解为无害化合物,随大气污染物排放后很长一段时间都会保持其属性,且又对许多生命组织有较强的潜在性毒性,被列为强污染物范围。汞被 UNEP(United Nations Environment Programme,联合国环境规划署)列为全球性的化学污染物,以各种形式持久存在于空气中,具有高度的易迁移性和生物富集性。

若化合物浓度超过了环境消散、稀释或吸收的能力,则可能会带来健康损害、经济损失或环境不美观等问题(Anderson,2017)。污染物是人类生产与消费的残余物,这些物质最终将以各种形式返回到环境中。污染物排放量的多少决定了环境承载负荷的大小,未经环境吸收的污染物累积最终会造成对环境的危害。换言之,排放负荷引起的污染危害取决于环境对污染物的吸收能力。一旦排放的污染物超过环境吸收能力,污染物就会在环境中累积,造成生态环境的破坏,减少人们所能得到的环境服务。从理论上讲,环境吸收能力受经济活动影响。污染物累积随环境吸收能力的增加而减少,随目前排放量的增加而增加——这是由生产水平和对减排工作而做的努力所控制的(Ouardighi et al.,2014)。大气环境污染的产生有一个从量变到质变的过程,只有大气污染物浓度或总量超过大气环境的自净能力并显著影响大气环境资源的利用价值时,才被认为发生了环境污染。

3.3 大气污染防治政策效应影响机制:能源消费

3.3.1 环境约束政策对能源消费的作用机制

1. 环境约束对能源消费的直接作用

体现环境约束对能源消费的直接作用的相关理论机制有"绿色悖论"理论与成本效应理论。

绿色悖论:2008年,Sinn提出"绿色悖论"(Green Paradox)理论。他指出,环境约束强度不断增加,使得能源利用的成本不断攀升,为尽可能降低这部分环境保护投入,企业厂商会选择在新的高标准约束手段出台之前获取尽可能多的能源并加以利用,完成出售能源资产。这样的举措会在短时间内造成资源的加速耗竭,对生态环境造成极大的破坏。这一现象的形成有以下三个原因:①碳税设置不尽正确;②适当减少化石能源开采使用的政策不到位;③政策宣告和执行之间存在一定的时间差,导致被"钻空子"(Sinn,2008)。绿色悖论现象在发达国家和发展中国家均有发生(张华,2014;李程宇,2015)。许多学者通过研究环境政策和政策实施效果之间的"绿色悖论"关系(Hoel et al.,2012;Ploeg et al.,2012;Cairns,2014),来解释能源政策与能源消耗之间的关系(Grafton et al.,2012)。

成本效应:环境约束机制最直接的体现,是以生产中环境资源成本的内生性来补偿能源消费带来的外部性,调整能源消费的完全成本来实现优化配置,从而提升均衡价格、降低消耗量。林伯强等(2010)认为,开征资源税的目的是提高能源开采和使用效率。张友国等(2014)发现,环境约束对高能耗和高排放部门的影响显著,导致能源消费和碳排放总量随之大幅度下降。

2. 环境约束对能源消费的间接作用

国内外学者以能源效率为切入点，围绕"环境约束-其他因素-能源效率"的直接关系或间接关系，就环境约束和能源消费（或节能潜力）的关系进行了大量实证研究，从实证结果得到的观点基本上可以划分为三类。

一是合理的环境约束手段能够有效提高能源使用效率，促进节能效应提升。环境约束政策的有效实施，一方面有助于实现约束目标，即环境污染物排放约束目标，另一方面有助于推动能源利用效率的提升，进而提升环境效率（Bi et al.，2014）。由此可见，环境约束具有双重红利（Sabuj，2010）。

二是环境约束对能源效率具有"波特假说"效应（Lanoie et al.，2008）。"波特假说"效应体现在环境约束对能源技术出口的影响方面（Valeria et al.，2008），也体现在环境约束对企业技术创新的影响方面（Porter et al.，1995）。支持"有利论"的学者，如 Porter 等（1995）认为适度的环境约束强度能够激发企业创新，相反地，企业技术创新能够带动行业的生产效率提高，进而带来的经济效益补偿可以弥补一部分环境污染治理造成的成本。与此同时，只有当经济发展阶段跨过库兹涅茨拐点后，环境约束的节能减排效果才会充分发挥出来（余永泽等，2013）。正因如此，"胡萝卜加大棒"的激励约束机制成为许多国家推行的环境约束机制。

三是二者呈现非单调线性关系。Krantkraemer（1985）、Withagen（1994）和 Grimaud 等（2005）认为环境约束下的能源消费最优消费路径发展进程会放缓。由于外部因素的不确定性，环境约束对化石能源消耗的影响具有不确定性（Schou，2000，2002；Chakravorty et al.，2012），对能源效率的影响也具有不确定性（周肖肖等，2015）。

3.3.2 能源消费对大气污染防治的作用机制

国内外已经有大量关于能源消费与大气污染的研究。在理论上，学者们对这一问题的探讨研究可以追溯到 20 世纪 70 年代罗马俱乐部的《增长的极限》中能源环境对经济增长和社会发展约束作用的强调。此后，Leontief 等（1972）、Miller 等（1985）均对能源消费和环境问题进行了定量分析，逐步开始提出有针对性的能源控制政策以达到缓解环境污染的目标。从当前能源消费与大气污染的文献分析而言，国内外学者主要探讨了能源消费总量、能源结构、能源强度（效率）与大气污染之间的关系。

第3章 大气污染防治政策效应评估的理论基础

1. 能源消费总量与大气污染

能源消费的外部冲击对环境污染的影响几乎是一个永久性效应,在较长时期内不会恢复(纪建悦,2009)。在当前中国经济快速增长的大背景下,能源消费依然会保持强劲增加,依然会带来环境的进一步恶化(Xia et al.,2012)。在学者对能源消费量与大气污染关系的研究中,Parikh等(1995)和York(2007)发现,由于城镇化水平的提高,能源消费量将不断上升,加剧了城市工业污染与生活污染,尤其是水污染和大气污染;Tian等(2007)分析了1978—2003年中国能源消费与大气污染数据,指出中国快速增长的能源消费总量加剧了中国各区域大气质量恶化;Khan等(2016)检验了1975—2012年投入变量之间的长期因果关系,分析了能源消费、大气污染、水资源和自然资源租金间的关系,发现无论长期还是短期,能源消费量和大气污染之间显著正相关;张文静(2016)研究了能源、环境与经济增长三者之间的互动关系,指出大气污染最根本的原因是能源消费规模的扩张。

2. 能源消费结构与大气污染

中国能源发展战略正在由主要关注能源系统供需平衡,转向关注能源与经济、环境的协调发展。在目前的经济、技术条件下,如何通过能源结构的优化使得经济增长和环境保护的目标都能实现,是诸多学者关注的重点(张慧勤等,1991;邱立新等,2006)。能源消费结构的调整被认为是治理大气污染的根本手段之一。魏巍贤等(2015)发现,能源结构调整是给出了实现雾霾治理和经济发展双重目标的最优政策选择。向堃等(2015)认为,在相关污染治理政策的制定上要充分考虑到空间因素的影响,同时也要从能源消耗结构的改变等环节入手。马丽梅等(2014)在探讨中国31个省份本地与异地之间大气污染的交互影响问题以及能源结构影响时发现,由于污染溢出的存在,环境约束更严格的地区不能获得其约束的全部利益,要区域间联防联控。从长期看,改变能源消费结构以及优化产业结构是关键,短期则是减少劣质煤的使用。这些学者将环境保护的观念引入了能源结构体系的构建中。

3. 能源强度(效率)与大气污染

Albrechta等(2002)将 CO_2 排放视为环境指标来构建数学模型,认为能源强度、人口及经济总产出是影响 CO_2 排放量的主要因素。Yuan等(2015)在利用反映能源强度比值的REPI(resource and environmental performance index,资源环境绩效指数)对比分析中国人均GDP最高与最低的省份能源消费与大气污染水平时发现,两者之间并不存在显著的负相关关系,经济发达地区不一定产生更严重的大气污染。由于中国经济落后地区多位于西部,生态环境脆弱,工业的能源消耗强度最高,大气污染更为突出(高彩艳等,2014)。Yu等(2016)在研究中国43个工业部门二氧化碳减排潜力时指出,能源强度相对于煤炭消费比例、平均工业资本增加值等因素对控制CO_2排放有更加重要的意义。另外,众多学者同时关注着能源效率与大气污染之间的"回弹效应"实证研究。Hanley等(2006)指出单一的促进能源效率提高的政策可能导致单位能源产品的成本下降,产品产量随之增加,从而导致对产品的消费增加进而导致更多的环境污染,必须采用互补性的能源政策以避免此现象的发生。邵帅等(2013)发现,我国改革开放前能源消费强度回弹效应总体逆反,改革开放后呈现出部分回弹效应,并认为通过提高能源消费效率来降低能源消费量进而减少大气污染从整体上看是可行的。

第4章 中国大气污染防治政策梳理与演变规律

大气污染防治政策是我国为了推进大气环境的治理和保护、推动节能减排工作而颁布实施的一系列政策、法规、条例、标准等。目前,诸多法律、行政法规、措施条例、技术标准等国家级和省部级文件相应出台,为我国大气污染防治、"因地制宜"推动大气环境保护指明了方向与路径。了解中国大气污染防治政策的演变过程及规律,是进行政策效应评估的重要前提,也是优化现有大气污染防治政策的重要基础。

本章从时间的维度系统梳理了我国大气污染防治的法律法规和准则条例,以针对重点区域和重点行业的政策为基础,分别从污染源控制、污染排放约束和排放后期治理三个方面梳理我国大气污染防治政策,归纳了《大气污染防治行动计划》实施前后的政策演变规律,对政策中的能源消费约束、排放标准与技术要求和污染物排放治理要求进行了总结。

4.1 中国大气污染防治政策梳理

4.1.1 大气污染防治的重点区域与重点行业

自20世纪80年代初环境保护被列为我国的一项基本国策后,国家颁布了一系列治理环境污染的法律法规。特别是党的十八大以来,我国大气污染防治法律法规体系的构架基本形成,包括国家《大气污染防治法》《大气污染防治行动计划》和全国31个省级人大常委会制定和修改完成的地方政府大气污染防治政策法规,形成了国家宏观层面、行业中观层面和地方微观层面的综合治理政策法规体系,并不断加大执法力度,强化政策执行效力。这也形成了我国的治理特色,由政府主导的环境政策都是自上而下的,中央政府制定环境政策,由地方政府负责执行。

我国大气污染防治政策以《大气污染防治法》为指导,以防治大气污染,保护和改善生态环境、生活环境,促进社会和经济的可持续发展为目标,各部门和各级政府制定了多项大气污染防治法规,其中包括一些条例、办法、实施细则和规定。针对《大气污染防治法》中的各项目标要求,国务院2013年发布了《大气污染防治行动计划》,这是新形势下专门针对大气污染治理而制订出来的总体计划。该计划特别提出了需要综合治理,以减少大气污染物的排放,并专门对工业企业进行大气污染治理、深化面源污染治理、强化移动源污染防治等。与此同时,该计划提出了多项大气污染防治具体行动计划,如升级产业结构、提高技术创新能力、加快能源结构调整、增加清洁能源供应、严格节能环保准入、优化产业空间布局等。《大气污染防治行动计划》是一项涉及大气污染防治方方面面的总体计划,是国家战略层面依据《大气污染防治法》设定总体目标和思路制订的总体规划。

生态环境部等部门针对大气污染防治重点区域、重点行业制订的大气污染防治计划或行动方案也相继出台。其中,重点区域主要包括京津冀及周边地区、长三角地区、珠三角及周边地区、汾渭平原等,重点行业主要体现在工业炉窑、火电、造纸等领域。这些计划中都着重强调,需调整优化产业结构,加快调整能源结构,积极调整运输结构,优化调整用地结构,有效应对重污染天气,加强基础能力建设。并且,为落实重点地区重点行业大气污染防治计划的实施,生态环境部发布了一系列《蓝天保卫战重点区域强化督查方案》,对计划实施过程予以监督和审查。

表4-1展现了针对重点区域的大气污染防治政策。依据《重点区域大气污染防治"十二五"规划》,大气污染防治的重点区域主要在京津冀、长三角、珠三角地区,以及辽宁中部、山东、武汉及其周边、长株潭、成渝、海峡西岸、山西中北部、陕西关中、甘宁、新疆乌鲁木齐这些城市群,共涉及19个省区市。近年来,为配合落实《大气污染防治计划》,生态环境部联合各部门颁布了多项区域性的大气污染综合治理方案,从不同地区的大气污染排放背景与攻坚任务入手,细化二氧化硫、氮氧化物、工业烟粉尘、挥发性有机物、细颗粒物等大气污染物的减排目标。

第4章 中国大气污染防治政策梳理与演变规律

表 4－1 针对重点区域的大气污染防治政策

区域	名称	时间	目标	实施范围
重点区域	《重点区域大气污染防治"十二五"规划》	2012.12.05	到2015年,重点区域二氧化硫、氮氧化物、工业烟粉尘排放量分别下降12%、13%、10%,挥发性有机物污染防治工作全面展开;环境空气质量有所改善,可吸入颗粒物、二氧化硫、二氧化氮、细颗粒物年均浓度分别下降10%、10%、7%、5%,臭氧污染得到初步控制,酸雨污染有所减轻;建立区域大气污染联防联控机制,区域大气环境管理能力明显提高。京津冀、长三角、珠三角区域将细颗粒物纳入考核指标,细颗粒物年均浓度下降6%	京津冀、长三角、珠三角地区,以及辽宁中部、山东、武汉及其周边、长株潭、成渝、海峡西岸、山西中北部、陕西关中、甘宁、新疆乌鲁木齐城市群共19个省区市
京津冀及周边地区	《京津冀及周边地区落实大气污染防治行动计划实施细则》	2013.09.17	到2017年,北京市、天津市、河北省细颗粒物(PM$_{2.5}$)浓度在2012年的基础上下降25%左右,山西省、山东省下降20%,内蒙古自治区下降10%。其中,北京市细颗粒物年均浓度控制在60μg/m³左右	包含北京市、天津市、河北省、山西省、山东省、河南省等"2+26"城市
京津冀及周边地区	《京津冀及周边地区2017—2018年秋冬季大气污染综合治理攻坚行动方案》	2017.08.21	全面完成《气十条》考核指标。2017年10月至2018年3月,京津冀大气污染传输通道城市PM$_{2.5}$平均浓度同比下降15%以上,重污染天数同比下降15%以上	
	《京津冀及周边地区2018—2019年秋冬季大气污染综合治理攻坚行动方案》	2018.09.21	全面完成2018年空气质量改善目标。2018年10月1日至2019年3月31日,京津冀及周边地区细颗粒物(PM$_{2.5}$)平均浓度同比下降3%左右,重度及以上污染天数同比减少3%左右	
	《京津冀及周边地区2019—2020年秋冬季大气污染综合治理攻坚行动方案》	2019.09.25	京津冀及周边地区全面完成2019年环境空气质量改善目标,协同控制温室气体排放,秋冬季期间(2019年10月1日至2020年3月31日)PM$_{2.5}$平均浓度同比下降4%,重度及以上污染天数同比减少6%	

续表 4-1

区域	名称	时间	目标	实施范围
长三角地区	《长三角地区2018—2019年秋冬季大气污染综合治理攻坚行动方案》	2018.11.02	全面完成2018年空气质量改善目标；秋冬季期间长三角地区$PM_{2.5}$平均浓度同比下降3%左右，重度及以上污染天数同比减少3%左右	包括上海市、江苏省、浙江省、安徽省共41个地级及以上城市
长三角地区	《长三角地区2019—2020年秋冬季大气污染综合治理攻坚行动方案》	2019.11.06	长三角地区全面完成2019年环境空气质量改善目标，协同控制温室气体排放。秋冬季期间$PM_{2.5}$平均浓度同比下降2%，重度及以上污染天数同比减少2%	
汾渭平原	《汾渭平原2018—2019年秋冬季大气污染综合治理攻坚行动方案》	2018.10.25	全面完成2018年空气质量改善目标。2018年10月1日至2019年3月31日，汾渭平原细颗粒物（$PM_{2.5}$）平均浓度同比下降4%左右，重度及以上污染天数同比减少4%左右	包含山西省晋中、运城、临汾、吕梁市，河南省洛阳、三门峡市，陕西省西安、铜川、宝鸡、咸阳、渭南市及杨凌示范区（含陕西省西咸新区、韩城市）
汾渭平原	《汾渭平原2019—2020年秋冬季大气污染综合治理攻坚行动方案》	2019.11.06	汾渭平原全面完成2019年环境空气质量改善目标，协同控制温室气体排放，秋冬季期间（2019年10月1日至2020年3月31日），$PM_{2.5}$平均浓度同比下降3%，重度及以上污染天数同比减少3%	
长江经济带	《长江经济带生态环境保护规划》	2017.07.17	到2020年，长江经济带城市空气质量优良天数比例大于84%，$PM_{2.5}$未达标的城市浓度较2015年下降18.2%，二氧化硫、氮氧化物排放总量较2015年分别减少15%、16.2%。到2030年，空气质量全面改善	上海、江苏、浙江、安徽、江西、湖北、湖南、重庆、四川、贵州、云南11个省市

当前，针对重点行业大气污染防治出台的文件主要有《关于开展火电、造纸行业和京津冀试点城市高架源排污许可证管理工作的通知》《关于推进实施钢铁行业超低排放的意见》《重点行业挥发性有机物综合治理方案》《工业炉窑

大气污染综合治理方案》等,实施范围涵盖火电、造纸、钢铁、焦化、水泥、有色、建材、石化、化工、机械制造、工业涂装、包装印刷、油品储运销等行业,方案中明确制定了各行业相关的大气污染物排放标准和减排目标,具体见表4-2。

表4-2 针对重点行业的大气污染防治计划

名称	时间	主要目标	实施范围
《关于开展火电、造纸行业和京津冀试点城市高架源排污许可证管理工作的通知》	2016.12.28	2017年6月30日前,京津冀重点区域大气污染传输通道上"1+2"重点城市(北京市、保定市、廊坊市)完成钢铁、水泥高架源排污许可证申请与核发试点工作	火电行业、造纸行业、钢铁行业、水泥行业
《关于推进实施钢铁行业超低排放的意见》	2019.04.28	到2020年底前,重点区域钢铁企业超低排放改造取得明显进展,力争60%左右产能完成改造,有序推进其他地区钢铁企业超低排放改造工作;到2025年底前,重点区域钢铁企业超低排放改造基本完成,力争全国80%以上产能完成改造	京津冀及周边地区、长三角地区、汾渭平原等大气污染防治重点区域
《重点行业挥发性有机物综合治理方案》	2019.06.26	到2020年,建立健全VOCs污染防治管理体系,重点区域、重点行业VOCs治理取得明显成效,完成"十三五"规划确定的VOCs排放量下降10%的目标任务,推动环境空气质量持续改善	石化、化工、工业涂装、包装印刷、油品储运销等行业
《工业炉窑大气污染综合治理方案》	2019.07.09	到2020年,完善工业炉窑大气污染综合治理管理体系,推进工业炉窑全面达标排放,京津冀及周边地区、长三角地区、汾渭平原等大气污染防治重点区域工业炉窑装备和污染治理水平明显提高,实现工业行业二氧化硫、氮氧化物、颗粒物等污染物排放进一步下降,促进钢铁、建材等重点行业二氧化碳排放总量得到有效控制,推动环境空气质量持续改善和产业高质量发展	钢铁、焦化、有色、建材、石化、化工、机械制造等行业

为解决京津冀、长三角与珠三角及其周边地区电力、钢铁、水泥、平板玻璃等行业的二氧化硫、氮氧化物和烟粉尘等大气污染物排放问题,生态环境部先后颁布了《京津冀及周边地区重点行业大气污染限期治理方案》《珠三角及周边地区重点行业大气污染限期治理方案》《长三角地区重点行业大气污染限期治理方案》,为重点区域重点行业的大气污染物治理设定减排目标与具体实施方案,具体内容见表4-3。

表4-3 针对重点区域内重点行业的大气污染治理方案

名称	时间	目标	治理范围
《京津冀及周边地区重点行业大气污染限期治理方案》	2014.07.25	京津冀及周边地区492家企业、777条生产线或机组全部建成满足排放标准和总量控制要求的治污工程,设施建设运行和污染物去除效率达到国家有关规定,二氧化硫、氮氧化物、烟粉尘等主要大气污染物排放总量均较2013年下降30%以上	京津冀及周边地区;电力、钢铁、水泥、平板玻璃行业
《珠三角及周边地区重点行业大气污染限期治理方案》	2014.11.17	珠三角及周边地区352家企业、450条生产线或机组全部建成满足排放标准和总量控制要求的治污工程,设施建设运行和污染物去除效率达到国家有关规定,二氧化硫、氮氧化物、烟粉尘等主要大气污染物排放总量均较2013年下降25%以上	珠三角及周边地区(广东省、江西省、湖南省、广西壮族自治区、海南省);电力、钢铁、水泥、平板玻璃行业
《长三角地区重点行业大气污染限期治理方案》	2014.11.17	长三角地区543家企业、1027条生产线或机组全部建成满足排放标准和总量控制要求的治污工程,设施建设运行和污染物去除效率达到国家有关规定,二氧化硫、氮氧化物、烟粉尘等主要大气污染物排放总量均较2013年下降30%以上	长三角地区;电力、钢铁、水泥、平板玻璃行业

除了上述各级各部门、各地方政府出台的对全国重点区域、重点行业大气污染排放约束的环境法律法规,还有一类专门用于应对重大事件的短期限制

性政策和应对突发事件的环境约束政策。《第 29 届奥运会北京空气质量保障措施》是为应对重大事件而采用短期限制性大气污染措施的典型,是 2007 年 10 月生态环境部和北京、天津、河北、山西、内蒙古和山东六个省区市为切实履行申奥环保承诺,保障北京奥运会、残奥会期间空气质量良好所共同制定的。与此同时,六个省区市政府及一些地方政府先后制订发布了相关的实施方案,在控制燃煤污染、机动车污染、工业污染、扬尘污染,加强大气环境管理,采取应急措施等方面取得了较明显的效果。应对突发事件的环境政策主要有 2008 年的《国家突发环境事件应急预案》、2010 年的《突发环境事件应急预案管理暂行办法》、2013 年的《突发环境事件应急处置阶段污染损害评估工作程序规定》等一系列文件与方案。

4.1.2 大气污染源头控制相关政策

把控大气污染的源头是正确判断环境形势、推动环境质量改善、为制定经济社会政策提供依据的重要基础,进行全国性的污染源普查是了解大气污染源情况的重要手段。为此,2008 年我国开展第一次全国污染源普查,2017 年开展第二次全国污染源普查,了解以规模化养殖场和农业面源为主的农业污染源、全部工业污染源[包括《国民经济行业分类》(GB/T 4754—2002)中的采矿业,制造业,电力、燃气及水的生产和供应业]、城镇生活污染源的各类企事业单位,以及从事第三产业的单位的污染物排放情况,摸清各类污染物的产生、治理、排放和综合利用情况,了解相关的能源消费量、能源结构、生活用水量、排水量等情况,建立健全各类重点污染源档案和各级污染源信息数据库,全面掌握各类污染源的基本情况、污染物的种类及排放量、集中式污染治理设施及其运行情况等。

与此同时,我国推出的诸多环境政策也对以化石能源消费为主的造成大气污染排放的源头进行了约束,主要体现在法律与行政法规两个方面。在环境法律上,早在 1987 年的《大气污染防治法》中就有条款针对能源消费等污染源头进行约束。2018 年的第二次修订中,更加要求推广清洁能源的生产和使用,优化能源消费结构,尤其是煤炭消费量在一次能源消费中的比重,减少煤炭生产、使用和转化过程中的大气污染物排放。同时,对工业生产的清洁技术与装置设备,以及农业生产方式也有一定的要求,提出着重控制交通运输过程中的化石燃料燃烧。《可再生能源法》《清洁生产促进法》《环境保护法》《煤炭法》《节约能源法》和《循环经济促进法》等相关法律条例也从不同视角对导致大气污染的能源消费进行了不同程度的约束。表4-4列举了相关环境法律中对能源消费的约束内容。

表4-4 大气污染防治相关法律对能源消费的约束

名称	颁布实施时间	相关具体内容
《大气污染防治法》	1987年9月5日通过，1995年8月29日第一次修正，2000年4月29日第一次修订，2015年8月29日第二次修订，2018年10月26日第二次修正	推广清洁能源的生产和使用；优化煤炭使用方式，推广煤炭清洁高效利用，逐步降低煤炭在一次能源消费中的比重，减少煤炭生产、使用、转化过程中的大气污染物排放。采用清洁生产工艺，配套建设除尘、脱硫、脱硝等装置，或者采取技术改造等其他控制大气污染物排放的措施。制定燃煤、石油焦、生物质燃料、涂料等含挥发性有机物的产品、烟花爆竹及锅炉等产品的质量标准，应当明确大气环境保护要求。转变农业生产方式，发展农业循环经济，加大对废弃物综合处理的支持力度，加强对农业生产经营活动排放大气污染物的控制
《可再生能源法》	2005年2月28日通过，2009年12月26日修正	促进可再生能源的开发利用，增加能源供应，改善能源结构，保障能源安全，保护环境。鼓励清洁、高效地开发利用生物质燃料，鼓励发展能源作物
《清洁生产促进法》	2002年6月29日通过，2012年2月29日修正，2012年7月1日起施行	按照资源能源消耗、污染物排放水平，确定开展清洁生产的重点领域、重点行业和重点工程
《环境保护法》	1989年12月26日通过，2014年4月24日修订，2015年1月1日起施行	要求优先使用清洁能源，采用资源利用率高、污染物排放量少的工艺、设备及废弃物综合利用技术和污染物无害化处理技术，减少污染物的产生。促进农业环境保护新技术的使用，加强对农业污染源的监测预警，防止重金属和其他有毒有害物质污染环境

第4章 中国大气污染防治政策梳理与演变规律

续表 4-4

名称	颁布实施时间	相关具体内容
《煤炭法》	1996年8月29日通过，2009年8月27日第一次修正，2011年4月22第二次修正，2013年6月29日第三次修正，2016年11月7日第四次修正	开发利用煤炭资源，应当遵守有关环境保护的法律、法规，防治污染和其他公害，保护生态环境
《节约能源法》	1997年11月1日通过，2007年10月28日修订，2016年7月2日第一次修正，2018年10月26日第二次修正	加强用能管理，采取技术上可行、经济上合理及环境和社会可以承受的措施，从能源生产到消费的各个环节，降低消耗，减少损失和污染物排放，制止浪费，有效、合理地利用能源。限制发展高耗能、高污染行业，发展节能环保型产业。国家运用税收等政策，鼓励先进节能技术、设备的进口，控制在生产过程中耗能高、污染重的产品的出口
《循环经济促进法》	2008年8月29日通过，2018年10月26日修正	采取措施降低资源消耗，减少废物的产生量和排放量，提高废物的再利用和资源化水平。依据上级人民政府下达的本行政区域主要污染物排放、建设用地和用水总量控制指标，规划和调整本行政区域的产业结构

大气污染防治行政法规对能源消费的约束有着更加具体和详细的体现。它们依据宪法和相关环境法律条例，从不同视角对生产生活中的能源消费行为进行了建设性、影响性和命令性的规划约束，针对与大气污染防治相关的能源消费多以影响性和命令性的规划为主。行政规划中提出了能源消费结构优化、推动清洁能源使用、加大污染排放控制力度等方向性和影响性的规划；也提出了"禁止在大中城市城区及近郊区新建燃煤火电厂""形成2000万t标准

煤的节能能力",对单位 GDP 能耗、能源消费量、一次能源消费结构等指标设定了标准等目标性、命令性的规定。这些行政条例、办法、实施细则和规定制订了有序的工作目标和工作计划,提供了有效的工作方式,为落实各项相关环境法律所制定的目标提供了具体有效的工作支撑。具体文件及相关内容见表 4-5。

表 4-5 大气污染防治行政规划中对能源消费的约束

名称	时间	相关具体内容
《国务院关于酸雨控制区和二氧化硫污染控制区有关问题的批复》(国函〔1998〕5 号)	1998.01.12	禁止新建煤层含硫分大于 3%的矿井,建成的生产煤层含硫分大于 3%的矿井逐步实行限产或关停。禁止在大中城市城区及近郊区新建燃煤火电厂。燃煤含硫量大于 1%的电厂,要在 2000 年前采取减排二氧化硫的措施,在 2010 年前分期分批建成脱硫设施或采取其他具有相应效果的减排二氧化硫的措施。化工、冶金、建材、有色等污染严重的企业,必须建设工业废气处理设施或采取其他减排措施
《国务院关于两控区酸雨和二氧化硫污染防治"十五"计划的批复》(国函〔2002〕84 号)	2002.09.19	加大两控区酸雨和二氧化硫污染防治力度。限产或关停高硫煤矿,加快发展动力煤洗选加工,降低城市燃料含硫量;淘汰高能耗、重污染的锅炉、窑炉及各类生产工艺和设备;加快建设一批火电厂脱硫设施,新建、扩建和改建火电机组必须同步安装脱硫装置或采取其他脱硫措施
《国务院办公厅转发发展改革委等部门关于加快推行清洁生产意见的通知》(国办发〔2003〕100 号)	2003.12.17	继续抓好冶金、有色金属、煤炭、电力、石油、石化、化工、轻工、建材等重点行业的结构调整工作,解决"结构性污染"。加快淘汰"两控区"和 113 个大气污染防治重点城市等重点区域的落后生产能力,禁止淘汰的落后设备向其他地区转移

续表 4-5

名称	时间	相关具体内容
《国务院关于"十一五"期间全国主要污染物排放总量控制计划的批复》（国函〔2006〕70号）	2006.08.05	要加大工业污染源治理力度，严格监督执法，实现污染物稳定达标排放。新、扩、改建项目要积极采用先进技术，严格执行"三同时"制度（同时设计、同时施工、同时投产使用），根据国家产业政策促进产业结构调整升级，实现增产不增污或增产减污。在电力、冶金、建材、化工、造纸、纺织印染和食品酿造等重点行业大力推行清洁生产，发展循环经济，降耗减污
《国务院关于印发国家环境保护"十一五"规划的通知》（国发〔2007〕37号）	2007.11.22	要求优化能源消费结构，提高城市清洁能源比例和能源利用效率，大力发展可再生能源，积极推进核电建设，加快煤层气开发利用
《国务院关于进一步加强节油节电工作的通知》（国发〔2008〕23号）	2008.08.04	加强电力需求侧管理。切实控制高耗能、高排放企业和产能过剩行业用电，停止不符合产业政策、违规建设和淘汰类企业的用电
《国务院办公厅关于印发2009年节能减排工作安排的通知》（国发〔2009〕48号）	2009.08.03	重点做好电力、钢铁、建材、造纸等12个高耗能、高排放行业排放总量控制和排污许可制度执行情况的监督检查。继续大力推进千家企业节能行动，发布能源利用状况公告，开展节能管理师试点，形成2000万t标准煤的节能能力
《国务院关于进一步加强淘汰落后产能工作的通知》（国发〔2010〕7号）	2010.04.06	提高落后产能企业和项目使用能源、资源、环境、土地的成本。采取综合性调控措施，抑制高消耗、高排放产品的市场需求
《国务院关于进一步加大工作力度确保实现"十一五"节能减排目标的通知》（国发〔2010〕12号）	2010.05.06	推动重点领域节能减排。加强电力、钢铁、有色、石油石化、化工、建材等重点行业节能减排管理，加大用先进适用技术改造传统产业的力度

续表 4-5

名称	时间	相关具体内容
《国务院办公厅关于进一步加大节能减排力度 加快钢铁工业结构调整的若干意见》（国办发〔2010〕34号）	2010.06.18	将抑制钢铁产能过快增长作为落实节能减排工作的重中之重。加大对钢铁工业淘汰落后产能的支持力度，大力推进钢铁工业节能减排。实现钢铁工业节能减排要将控制总量、淘汰落后、技术改造结合起来
《国务院关于印发"十二五"节能减排综合性工作方案的通知》（国发〔2011〕26号）	2011.09.07	到2015年，全国万元国内生产总值能耗比2010年的1.034t标准煤下降16%，比2005年的1.276t标准煤下降32%；"十二五"期间，实现节约能源6.7亿t标准煤。同时，调整能源结构，因地制宜大力发展风能、太阳能、生物质能、地热能等可再生能源。到2015年，非化石能源占一次能源消费总量比重达到11.4%。重点推进电力、煤炭、钢铁、有色金属、石油石化、化工、建材、造纸、纺织、印染、食品加工等行业节能减排
《国务院关于加强环境保护重点工作的意见》（国发〔2011〕35号）	2011.10.21	对电力行业实行二氧化硫和氮氧化物排放总量控制，继续加强燃煤电厂脱硫，全面推行燃煤电厂脱硝，新建燃煤机组应同步建设脱硫脱硝设施。对钢铁行业实行二氧化硫排放总量控制，强化水泥、石化、煤化工等行业二氧化硫和氮氧化物治理。在大气污染联防联控重点区域开展煤炭消费总量控制试点
《国务院关于印发国家环境保护"十二五"规划的通知》（国发〔2011〕42号）	2011.12.21	加快淘汰落后产能，加大钢铁、有色、建材、化工、电力、煤炭、造纸、印染、制革等行业落后产能淘汰力度。着力减少新增污染物排放量。合理控制能源消费总量，促进非化石能源发展，到2015年，非化石能源占一次能源消费比重达到11.4%。提高造纸、印染、化工、冶金、建材、有色、制革等行业污染物排放标准和清洁生产评价指标

第4章 中国大气污染防治政策梳理与演变规律

续表 4-5

名称	时间	相关具体内容
《国务院关于印发节能减排"十二五"规划的通知》(国发〔2012〕40号)	2012.08.22	到2015年,全国万元国内生产总值能耗下降到0.869t标准煤,比2010年的1.034t标准煤下降16%。"十二五"期间,实现节约能源6.7亿t标准煤
《国务院办公厅关于印发国家环境保护"十二五"规划重点工作部门分工方案的通知》(国办函〔2012〕47号)	2012.10.22	加大钢铁、有色、建材、化工、电力、煤炭、造纸、印染、制革等行业落后产能淘汰力度。合理控制能源消费总量,促进非化石能源发展。提升车用燃油品质,鼓励使用新型清洁燃料
《国务院关于印发大气污染防治行动计划的通知》(国发〔2013〕37号)	2013.09.12	加快调整能源结构,增加清洁能源供应。控制煤炭消费总量。加快清洁能源替代利用。推进煤炭清洁利用。提高能源使用效率
《国务院办公厅关于印发2014—2015年节能减排低碳发展行动方案的通知》(国办发〔2014〕23号)	2014.05.27	要求2014—2015年,单位GDP能耗逐年下降3.9%。调整优化能源消费结构。实行煤炭消费目标责任管理,严控煤炭消费总量,降低煤炭消费比重。大力发展非化石能源,到2015年,非化石能源占一次能源消费量的比重提高到11.4%
《国务院关于印发"十三五"生态环境保护规划的通知》(国发〔2016〕65号)	2016.12.06	深入推进钢铁、水泥等重污染行业过剩产能退出,大力推进清洁能源使用,推进机动车和油品标准升级,加强油品等能源产品质量监管,加强移动源污染治理。增加非化石能源供应,重点城市实施天然气替代煤炭工程,推进电力替代煤炭,大幅减少冬季散煤使用量,"十三五"期间,北京、天津、河北、山东、河南五省(市)煤炭消费总量下降10%左右,上海、江苏、浙江、安徽四省(市)煤炭消费总量下降5%左右,珠三角区域煤炭消费总量下降10%左右

在对污染源头能源消费进行约束的过程中,各时期的行政规划针对不同的大气污染治理工作重心,从不同方面设定了对能源消费的约束,具体情况见图4-1。

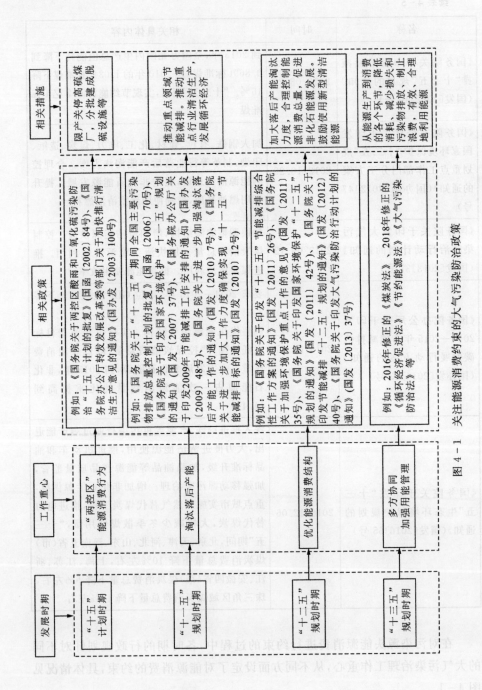

图 4-1 关注能源消费约束的大气污染防治政策

第4章 中国大气污染防治政策梳理与演变规律

"十五"计划时期,大气污染防治工作对能源消费约束的重心在对"两控区"能源消费的约束,主要针对与煤炭燃烧相关的高能耗行业,重点在于二氧化硫的减排。"十一五"规划时期,大气污染防治工作对能源消费约束的重心在于淘汰落后产能,对钢铁、煤炭、有色、造纸等重点行业领域的节能减排尤其重视,治理目标也逐渐扩展到除二氧化硫之外的多项大气污染物。"十二五"规划时期,大气污染防治工作对能源消费约束的重心在于优化能源消费结构,要求合理控制能源消费的总量,促进清洁能源、非化石能源的发展,从可持续发展的角度更加完善了对大气污染排放源头的治理方式。"十三五"规划时期,对《大气污染防治法》《节约能源法》《循环经济促进法》等多项与大气污染防治相关的法律予以修正和实施,协调政府、公众、第三方机构的共同制约,对能源生产到消费的各个环节加强管理。

4.1.3 大气污染物排放约束相关政策

关于控制污染排放的大气污染防治措施主要有以下几类。

一是相关的法律。这些法律条款针对污染物排放,甚至专门针对大气污染排放的标准、技术进行了法律上、方向上的控制。《大气污染防治法》专门针对大气污染物排放,要求制定大气环境质量标准、大气污染物的排放标准,并且要求对执行情况进行定期的评估,根据评估结果适时修订大气环境质量标准与大气污染物排放。《清洁生产促进法》中规定,各个污染行业"应采用能够达到国家或地方规定的污染物排放标准",采用能够"达到污染物排放的总量控制指标的污染防治技术";《环境保护法》要求各企事业单位在污染物排放符合法定要求的基础上,进一步减少污染物排放,并要求政府依法采取相应的财政、税收、价格和政府采购等方面的政策措施对进一步开展减排工作的企事业单位予以鼓励和支持;《核安全法》和《放射性污染防治法》要求核设施营运单位应当对其产生的放射性废气进行处理,产生的放射性废气、废液必须符合国家放射性污染防治标准,达到标准后才可以排放,并且要求各单位定期报告排放计量结果。相关内容见表4-6。

表 4-6　环境法律对大气污染排放的约束

名称	时间	大气污染排放约束相关具体内容
《大气污染防治法》	1987 年 9 月 5 日通过，1995 年 8 月 29 日第一次修正，2000 年 4 月 29 日第一次修订，2015 年 8 月 29 日第二次修订，2018 年 10 月 26 日第二次修正	制定大气环境质量标准、大气污染物排放标准，对执行情况定期进行评估，根据评估结果对标准适时进行修订
《清洁生产促进法》	2002 年 6 月 29 日通过，2012 年 2 月 29 日修正，2012 年 7 月 1 日起施行	采用能够达到国家或者地方规定的污染物排放标准和污染物排放总量控制指标的污染防治技术
《核安全法》	2017 年 9 月 1 日通过	核设施营运单位应当对其产生的放射性废气进行处理，达到国家放射性污染防治标准后，方可排放
《环境保护法》	1989 年 12 月 26 日通过，2014 年 4 月 24 日修订，2015 年 1 月 1 日起施行	根据国家环境质量标准和国家经济、技术条件，制定国家污染物排放标准。企业事业单位和其他生产经营者，在污染物排放符合法定要求的基础上，进一步减少污染物排放
《放射性污染防治法》	2003 年 6 月 28 日通过	向环境排放放射性废气、废液，必须符合国家放射性污染防治标准。产生放射性废气、废液的单位向环境排放符合国家放射性污染防治标准的放射性废气、废液，应当向审批环境影响评价文件的环境保护行政主管部门申请放射性核素排放量，并定期报告排放计量结果

二是相关的行政法规。对照大气污染防治制定的行政法规按照宪法与法律的要求，我国对履行大气污染物排放控制的相应行政职责进行了规范性要

第 4 章　中国大气污染防治政策梳理与演变规律

求,其中包括一些条例、办法、实施细则和规定等。我国"十五"计划、"十一五"规划、"十二五"规划、"十三五"规划中都对大气污染防治提出了明确的工作目标。《两控区酸雨和二氧化硫污染防治"十五"计划》中明确提出,要"严格执行两控区二氧化硫排放总量控制计划,确保到 2005 年两控区内二氧化硫排放量比 2000 年减少 20%,酸雨污染程度有所减轻,80% 以上的城市空气二氧化硫浓度年均值达到国家环境空气质量二级标准"①。《国家酸雨和二氧化硫污染防治"十一五"规划》中提出到 2010 年,全国二氧化硫排放总量要控制在 2 294.4 万 t 以内,比 2005 年减少 10%,基本控制氮氧化物排放量增长趋势;到 2020 年,全国二氧化硫排放总量在 2010 年的基础上明显下降,氮氧化物排放得到有效控制。《"十一五"期间全国主要污染物排放总量控制计划》中要求化学需氧量由 1414 万 t 减少到 1273 万 t,二氧化硫由 2549 万 t 减少到 2294 万 t,各项控制指标在各专项规划中下达,由相关地区分别执行,由国家统一进行考核。《国家环境保护"十二五"规划》设定减排目标,在"十二五"期间,空气环境质量评价范围由 113 个重点城市增加到 333 个全国地级以上城市,按照可吸入颗粒物、二氧化硫、二氧化氮的年均值测算,2010 年地级以上城市空气质量达到二级标准以上的比例为 72%;并分行业进行大气污染物排放控制,持续推进电力行业污染减排,加快其他行业脱硫脱硝步伐,开展机动车船氮氧化物控制。《"十三五"生态环境保护规划》要求:到 2020 年,主要污染物排放总量大幅减少,地级及以上城市空气质量优良天数比例大于 80%;京津冀及周边区域细颗粒物污染形势显著好转,臭氧浓度基本稳定;长三角区域细颗粒物浓度显著下降,臭氧浓度基本稳定;珠三角区域大气环境质量基本达标,基本消除重度及以上污染天气。有关大气污染物排放的行政法规见表 4-7。

---

①《大气污染防治法》规定,根据气象、地形、土壤等自然条件,可以将已经产生、可能产生酸雨的地区或者其他二氧化硫污染严重的地区,划定为酸雨控制区或者二氧化硫污染控制区,即"两控区"。一般来说,降雨 pH≤4.5 的,可以划定为酸雨控制区;近三年来环境空气二氧化硫年平均浓度超过国家二级标准的,可以划定为二氧化硫污染控制区。

表 4-7 环境行政法规对大气污染物排放的约束

名称	时间	相关具体内容
《国务院关于两控区酸雨和二氧化硫污染防治"十五"计划的批复》(国函〔2002〕84号)	2002.09.19	紧密结合经济结构调整,严格执行两控区二氧化硫排放总量控制计划,确保到2005年两控区内二氧化硫排放量比2000年减少20%,酸雨污染程度有所减轻,80%以上的城市空气二氧化硫浓度年均值达到国家环境空气质量二级标准
《国务院关于"十一五"期间全国主要污染物排放总量控制计划的批复》(国函〔2006〕70号)	2006.08.05	化学需氧量由1414万t减少到1273万t;二氧化硫由2549万t减少到2294万t。控制指标在各专项规划中下达,由相关地区分别执行,由国家统一考核
《关于印发〈国家酸雨和二氧化硫污染防治"十一五"规划〉的通知》(环发〔2008〕1号)	2008.01.14	到2010年,全国二氧化硫排放总量比2005年减少10%,火电行业二氧化硫排放量控制在1000万t以内,单位发电量二氧化硫排放强度比2005年降低50%,基本控制氮氧化物排放量增长趋势,单位发电量氮氧化物排放强度有所下降。到2020年,全国二氧化硫排放总量在2010年的基础上明显下降,氮氧化物排放得到有效控制
《国务院关于印发国家环境保护"十一五"规划的通知》(国发〔2007〕37号)	2007.11.22	总结了"十五"期间污染物排放指标完成情况,要求到2010年,二氧化硫和化学需氧量排放得到控制,重点地区和城市的环境质量有所改善,生态环境恶化趋势基本遏制,确保核与辐射环境安全
《国务院关于印发"十二五"节能减排综合性工作方案的通知》(国发〔2011〕26号)	2011.09.07	到2015年,全国化学需氧量和二氧化硫排放总量比2010年下降8%,全国氨氮和氮氧化物排放总量比2010年下降10%
《国务院关于加强环境保护重点工作的意见》(国发〔2011〕35号)	2011.10.21	对造纸、印染和化工行业实行化学需氧量和氨氮排放总量控制

第4章 中国大气污染防治政策梳理与演变规律

续表 4-7

名称	时间	相关具体内容
《国务院关于印发国家环境保护"十二五"规划的通知》(国发〔2011〕42号)	2011.12.21	设定目标在"十二五"期间,空气环境质量评价范围由113个重点城市增加到333个全国地级以上城市。按照可吸入颗粒物、二氧化硫、二氧化氮的年均值测算,2010年地级以上城市空气质量达到二级标准以上的比例为72%,并分行业进行大气污染物排放控制,持续推进电力行业污染减排,加快其他行业脱硫脱硝步伐,开展机动车船氮氧化物控制
《国务院关于印发节能减排"十二五"规划的通知》(国发〔2012〕40号)	2012.08.22	2015年,全国化学需氧量和二氧化硫排放总量分别控制在2 347.6万t、2 086.4万t,比2010年的2 551.7万t、2 267.8万t各减少8%,分别新增削减能力601万t、654万t;全国氨氮和氮氧化物排放总量分别控制238万t、2 046.2万t,比2010年的264.4万t、2 273.6万t各减少10%,分别新增削减能力69万t、794万t
《国务院办公厅关于印发国家环境保护"十二五"规划重点工作部门分工方案的通知》(国办函〔2012〕147号)	2012.10.22	推进钢铁行业二氧化硫排放总量控制,加强水泥、石油石化、煤化工等行业二氧化硫和氮氧化物治理。开展机动车船氮氧化物控制。深化颗粒物污染控制。加强石化行业生产、输送和存储过程挥发性有机污染物排放控制
《国务院关于印发大气污染防治行动计划的通知》(国发〔2013〕37号)	2013.09.12	严格实施污染物排放总量控制,将二氧化硫、氮氧化物、烟粉尘和挥发性有机物排放是否符合总量控制要求作为建设项目环境影响评价审批的前置条件。京津冀、长三角、珠三角区域和辽宁中部、山东、武汉及其周边、长株潭、成渝、海峡西岸、山西中北部、陕西关中、甘宁、新疆乌鲁木齐城市群等"三区十群"中的47个城市,新建火电、钢铁、石化、水泥、有色、化工等企业及燃煤锅炉项目要执行大气污染物特别排放限值

续表 4-7

名称	时间	相关具体内容
《国务院办公厅关于印发2014—2015年节能减排低碳发展行动方案的通知》(国办发〔2014〕23号)	2014.05.27	2014—2015年，化学需氧量、二氧化硫、氨氮、氮氧化物排放量分别逐年下降2%、2%、2%、5%以上
《国务院关于印发"十三五"生态环境保护规划的通知》(国发〔2016〕65号)	2016.12.06	到2020年，主要污染物排放总量大幅减少，地级及以上城市空气质量优良天数比率大于80%。到2020年，京津冀及周边区域细颗粒物污染形势显著好转，臭氧浓度基本稳定；长三角区域细颗粒物浓度显著下降，臭氧浓度基本稳定；珠三角区域大气环境质量基本达标，基本消除重度及以上污染天气

三是相关技术层面的大气污染排放标准。我国现有的大气污染物排放标准体系按照综合性排放标准与行业性排放标准不交叉执行的原则建立。我国大气环境保护标准主要分为三类，即大气环境质量标准、大气污染物排放标准和其他相关标准。针对不同的大气污染物来源，大气污染物排放标准又分为大气固定源污染物排放标准和大气移动源污染物排放标准。

现行的大气环境质量标准主要是《环境空气质量标准》(GB 3095—2012)。这项标准于2012年2月29日发布，于2016年1月1日实施，经过1996年、2000年和2012年三次修订，规定了环境空气功能区的分类、标准分级、污染物项目、平均时间及浓度限值、监测方法、数据统计的有效性规定及实施与监督等内容。此项标准代替了之前的《环境空气质量标准》和《保护农作物的大气污染物最高允许浓度》(GB 9137—1988)。此外，《乘用车内空气质量评价指南》(GB/T 27630—2011)规定了车内空气中苯、甲苯、二甲苯、乙苯、苯乙烯、甲醛、乙醛、丙烯醛的浓度要求，《室内空气质量标准》(GB/T 18883—2002)规定了住宅、办公建筑物和其他室内环境空气质量的参数及检验方法。

在现行的大气固定源污染排放标准中，锅炉执行《锅炉大气污染物排放标准》(GB 13271—2014)，工业炉窑执行《工业炉窑大气污染物排放标准》(GB 9078—1996)，火电厂执行《火电厂大气污染物排放标准》(GB 13223—2011)，

第4章 中国大气污染防治政策梳理与演变规律

炼焦炉执行《炼焦化学工业污染物排放标准》(GB 16171—2012),水泥厂执行《水泥工业大气污染物排放标准》(GB 4915—2013),恶臭物质排放执行《恶臭污染物排放标准》(GB 14554—1993),其他大气污染物排放均执行《2018年新版大气污染物综合全套排放标准》。

《2018年新版大气污染物综合全套排放标准》规定了二氧化硫、氮氧化物、颗粒物、氟化氢、铬酸雾、硫酸雾、氟化物、氯气、铅及其化合物、汞及其化合物、镉及其化合物、铍及其化合物、镍及其化合物、锡及其化合物、苯、甲苯、二甲苯、酚类、甲醛、乙醛、丙烯腈、丙烯醛、氯化氢、甲醇、苯胺类、氯苯类、硝基苯类、氯乙烯、苯并a芘、光气、沥青烟、石棉尘、非甲烷总烃33种大气污染物的排放限值。在《2018年新版大气污染物综合全套排放标准》开始执行的同时,《工业"三废"排放试行标准》(GBJ 4—1973)、《合成洗涤剂工业污染物排放标准》(GB 3548—1983)、《火炸药工业硫酸浓缩污染物排放标准》(GB 4276—1984)、《雷汞工业污染物排放标准》(GB 4277—1984)、《硫酸工业污染物排放标准》(GB 4282—1984)、《船舶工业污染物排放标准》(GB 4286—1984)、《钢铁工业污染物排放标准》(GB 4911—1985)、《轻金属工业污染物排放标准》(GB 4912—1985)、《重有色金属工业污染物排放标准》(GB 4913—1985)、《沥青工业污染物排放标准》(GB 4916—1985)、《普钙工业污染物排放标准》(GB 4917—1985)等标准中涉及的废气部分废除。

各省区市也针对大气污染物排放制定了相应的行业标准。例如,北京市、上海市、重庆市、浙江省、山东省、四川省、陕西省等省市发布了一批与挥发性有机物VOCs相关的行业大气污染物排放标准。表4-8为大气固定源污染物排放标准清单。

表4-8 大气固定源污染物排放标准清单

标准名称	标准号	实施时间	备注
《恶臭污染物排放标准》	GB 14554—1993	1994.01.15	
《大气污染物综合排放标准》	GB 16297—1997	1997.01.01	
《炼焦炉大气污染物排放标准》	GB 16171—1996	1997.01.01	
《工业炉窑大气污染物排放标准》	GB 9078—1996	1997.01.01	
《饮食业油烟排放标准(试行)》	GB 18483—2001	2002.01.01	代替 GWPB 5—2000

续表 4-8

标准名称	标准号	实施时间	备注
《锅炉大气污染物排放标准》	GB 13271—2001	2002.01.01	代替 GB 13271—91 和 GWPB 3—1999
《火电厂大气污染物排放标准》	GB 13223—2003	2004.01.01	代替 GB 13223—1996
《水泥工业大气污染物排放标准》	GB 4915—2004	2005.01.01	代替 GB 4915—1996
《煤炭工业污染物排放标准》	GB 20426—2006	2006.10.01	部分代替 GB 8978—1996、GB 16297—1996
《加油站大气污染物排放标准》	GB 20952—2007	2007.08.01	
《储油库大气污染物排放标准》	GB 20950—2007	2007.08.01	
《煤层气(煤矿瓦斯)排放标准(暂行)》	GB 21522—2008	2008.07.01	
《油墨工业污染物排放标准》	GB 25463—2010	2010.10.01	
《平板玻璃工业大气污染物排放标准》	GB 26453—2011	2011.10.01	
《橡胶制品工业污染物排放标准》	GB 27632—2011	2012.01.01	
《火电厂大气污染物排放标准》	GB 13223—2011	2012.01.01	代替 GB 13223—2003
《铁矿采选工业污染物排放标准》	GB 28661—2012	2012.10.01	
《炼焦化学工业污染物排放标准》	GB 16171—2012	2012.10.1	代替 GB 16171—1996
《钢铁烧结、球团工业大气污染物排放标准》	GB 28662—2012	2012.10.01	
《炼铁工业大气污染物排放标准》	GB 28663—2012	2012.10.01	
《炼钢工业大气污染物排放标准》	GB 29664—2012	2012.10.01	
《轧钢工业大气污染物排放标准》	GB 28665—2012	2012.10.01	

续表 4-8

标准名称	标准号	实施时间	备注
《铁合金工业污染物排放标准》	GB 28666—2012	2012.10.01	
《电子玻璃工业大气污染物排放标准》	GB 29495—2013	2013.07.01	
《砖瓦工业大气污染物排放标准》	GB 29620—2013	2014.01.01	
《水泥工业大气污染物排放标准》	GB 4915—2013	2014.03.01	代替 GB 4915—2004
《电池工业污染物排放标准》	GB 20484—2013	2014.03.01	
《锅炉大气污染物排放标准》	GB 13271—2014	2014.07.01	代替 GB13271—2001
《锡、锑、汞工业污染物排放标准》	GB 30770—2014	2014.07.01	
《石油炼制工业污染物排放标准》	GB 31570—2015	2015.07.01	
《石油化学工业污染物排放标准》	GB 31571—2015	2015.07.01	
《合成树脂工业污染物排放标准》	GB 31572—2015	2015.07.01	
《无机化学工业污染物排放标准》	GB 31573—2015	2015.07.01	
《再生铜、铝、铅、锌工业污染物排放标准》	GB 31574—2015	2015.07.01	
《火葬场大气污染物排放标准》	GB 13801—2015	2015.07.01	
《烧碱、聚氯乙烯工业污染物排放标准》	GB 15581—2016	2016.09.01	代替 GB 15581—95
《挥发性有机物无组织排放控制标准》	GB 37822—2019	2019.07.01	
《制药工业大气污染物排放标准》	GB 37823—2019	2019.07.01	
《涂料、油墨及胶黏剂工业大气污染物排放标准》	GB 37824—2019	2019.07.01	

现行的大气移动源污染物排放标准主要针对不以固定式排放设备排放空气污染物的来源。移动源主要包括道路移动源(载客汽车、载货汽车、摩托车等)和非道路移动源(农业机械、建筑机械、火车、船舶、飞机等)(宁亚东等，2016)。

因经济发展与环境保护的工作需要，诸项移动源污染物排放标准经过了数次修正与替代。例如，《轻型汽车污染物排放限值及测量方法》自2001年起进行了5次修改，新的测量方法于2020年开始实施。此外，柴油车、汽油车、摩托车、船舶以及非道路移动机械、点燃式/压燃式发动机也进行了污染物排放测算方式与标准限定的修改与调整。

表4-9梳理了我国2001—2020年大气移动源污染物排放标准。

表4-9　大气移动源污染物排放标准(按实施时间排序)

标准名称	标准号	实施时间	备注
《车用压燃式发动机排气污染物排放限值及测量方法》	GB 17691—2001	2001.04.16	
《轻型汽车污染物排放限值及测量方法Ⅰ》	GB 18352.1—2001	2001.04.16	
《农用运输车自由加速烟度排放限值及测量方法》	GB 18322—2002	2002.07.01	
《车用点燃式发动机及装用点燃式发动机汽车排气污染物排放限值及测量方法》	GB 14762—2002	2003.07.01	
《装用点燃式发动机重型汽车燃油蒸发污染物排放限值及测量方法(收集法)》	GB 14763—2005	2005.07.01	
《车用压燃式发动机和压燃式发动机汽车排气烟度排放限值及测量方法》	GB 3847—2005	2005.07.01	
《摩托车和轻便摩托车排气烟度排放限值及测量方法》	GB 19758—2005	2005.07.01	
《点燃式发动机汽车排气污染物排放限值及测量方法(双怠速法及简易工况法)》	GB 18285—2005	2005.07.01	

第4章 中国大气污染防治政策梳理与演变规律

续表 4-9

标准名称	标准号	实施时间	备注
《装用点燃式发动机重型汽车曲轴箱污染物排放限值及测量方法》	GB 11340—2005	2005.07.01	
《三轮汽车和低速货车用柴油机排气污染物排放限值及测量方法(中国Ⅰ、Ⅱ阶段)》	GB 19756—2005	2006.01.01	
《车用压燃式、气体燃料点燃式发动机与汽车排气污染物排放限值及测量方法(中国Ⅲ、Ⅳ、Ⅴ阶段)》	GB 17691—2005	2007.01.01	
《轻型汽车污染物排放限值及测量方法(中国Ⅲ、Ⅳ阶段)》	GB 18352.3—2005	2007.07.01	
《汽油运输大气污染物排放标准》	GB 20951—2007	2007.08.01	
《非道路移动机械用柴油机排气污染物排放限值及测量方法(中国Ⅰ、Ⅱ阶段)》	GB 20891—2007	2007.10.01	
《摩托车污染物排放限值及测量方法(工况法,中国第Ⅲ阶段)》	GB 14622—2007	2008.07.01	代替 GB 14622—2002
《轻便摩托车污染物排放限值及测量方法(工况法,中国第Ⅲ阶段)》	GB 18176—2007	2008.07.01	代替 GB 18176—2002
《摩托车和轻便摩托车燃油蒸发污染物排放限值及测量方法》	GB 20998—2007	2008.07.01	
《重型车用汽油发动机与汽车排气污染物排放限值及测量方法(中国Ⅲ、Ⅳ阶段)》	GB 14762—2008	2009.07.01	代替 GB 14762—2002
《非道路移动机械用小型点燃式发动机排气污染物排放限值与测量方法(中国第一、二阶段)》	GB 26133—2010	2011.03.01	
《摩托车和轻便摩托车排气污染物排放限值及测量方法(双怠速法)》	GB 14621—2011	2011.10.01	代替 GB 14621—2002
《非道路移动机械用柴油机排气污染物排放限值及测量方法(中国第三、四阶段)》	GB 20891—2014	2014.10.01	代替 GB 20891—2007

续表 4-9

标准名称	标准号	实施时间	备注
《城市车辆用柴油发动机排气污染物排放限值及测量方法（WHTC工况法）》	HJ 689—2014	2015.01.01	
《轻型混合动力电动汽车污染物排放控制要求及测量方法》	GB 19755—2016	2016.09.01	代替 GB/T 19755—2005
《在用柴油车排气污染物测量方法及技术要求（遥感检测法）》	HJ 845—2017	2017.07.27	
《重型柴油车、气体燃料车排气污染物车载测量方法及技术要求》	HJ 857—2017	2017.10.01	
《轻型汽车污染物排放限值及测量方法（中国第五阶段）》	GB 18352.5—2013	2018.01.01	代替 GB 18352.3—2005
《摩托车污染物排放限值及测量方法（中国第四阶段）》	GB 14622—2016	2018.07.01	代替 GB 14622—2007 和 GB 20998—2007，部分代替 GB 14621—2011
《船舶发动机排气污染物排放限值及测量方法（中国第一、二阶段）》	GB 15097—2016	2018.07.01	代替 GB/T 15097—2008
《轻便摩托车污染物排放限值及测量方法（中国第四阶段）》	GB 18176—2016	2018.07.01	代替 GB 18176—2007 和 GB 20998—2007，部分代替 GB 14621—2011
《非道路柴油移动机械排气烟度限值及测量方法》	GB 36886—2018	2018.12.01	
《汽油车污染物排放限值及测量方法（双怠速法及简易工况法）》	GB 18285—2018	2019.05.01	代替 GB 18285—2005、HJ/T 240—2005
《柴油车污染物排放限值及测量方法（自由加速法及加载减速法）》	GB 3847—2018	2019.05.01	代替 GB 3847—2005、HJ/T 241—2005

第4章 中国大气污染防治政策梳理与演变规律

续表 4-9

标准名称	标准号	实施时间	备注
《重型柴油车污染物排放限值及测量方法(中国第六阶段)》	GB 17691—2018	2019.07.01	代替 GB 17691—2005
《轻型汽车污染物排放限值及测量方法(中国第六阶段)》	GB 18352.6—2016	2020.07.01	代替 GB 18352.5—2013

同时,为保证污染物排放检测工作的质量,国家制定了多条相应的设备技术要求和标准,为有效控制污染物排放,改善环境空气质量做有力的支撑。例如:《车用柴油有害物质控制标准(第四、五阶段)》《车用汽油有害物质控制标准(第四、五阶段)》、轻型汽车车载诊断(on-board diagnostics, OBD)系统管理技术规范、点燃式发动机汽车瞬态工况法排气污染物测量设备技术要求、压燃式发动机汽车自由加速法排气烟度测量设备技术要求、重型汽车排气污染物排放控制系统耐久性要求及试验方法等。

综合上述对控制大气污染物排放环节的环境政策措施的梳理和分析,得出以下结论。

一方面,在对大气污染物排放的约束环节上,现有的政策体系见图 4-2。可以看出,目前我国对大气污染排放过程的政策约束体系已较为完善,形成了以法律为标准,多项环境法规提供实施计划,排放标准为工作目标,技术要求为支持手段的大气污染排放约束体系。另一方面,面对不断变化的经济社会发展现状与环境空气质量状况,多项法律、行政法规和技术标准在应对大气污染防治问题的过程中进行了不同程度的调整、优化与完善。

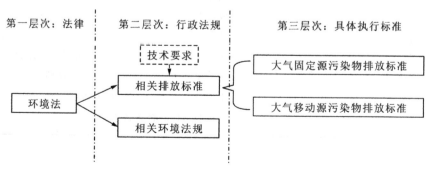

图 4-2 关于控制大气污染物排放的环境政策体系

4.1.4 大气污染排放治理相关政策

大气污染排放后的治理环节是人们对超出环境吸收能力的大气污染物排放部分的净化过程，也是大气污染控制的最后一个环节。该环节处于环境对大气污染物进行吸收之后，剩余未被环境自身净化的大气污染物转化为污染危害之前。

多项环境立法对大气污染物排放后的治理指明了工作方向。《环境影响评价法》指出，对造成严重环境污染或者生态破坏的，应当查清原因、查明责任。在污染治理的方式上，《大气污染防治法》提出建立重点区域重污染天气监测预警机制，统一预警分级标准。《环境保护法》提出，重点排污单位应当如实向社会公开其主要污染物的名称、排放方式、排放浓度和总量、超标排放情况，以及防治污染设施的建设和运行情况，接受社会监督。《清洁生产促进法》提出，针对污染物排放超过国家或者地方规定的排放标准，或者虽未超过国家或者地方规定的排放标准，但超过重点污染物排放总量控制指标的企业，采取强制性清洁生产审核。《环境保护税法》提出，依据大气污染物排放的种类和数量征税，应税大气污染物税额由各级政府依据本地区环境承载能力、污染物排放现状及经济社会生态发展目标要求确定和调整。具体内容见表4-10。

表4-10 相关环境法律对大气污染排放治理的约束

名称	时间	相关内容
《清洁生产促进法》	2002年6月29日通过，2012年2月29日修正，2012年7月1日起施行	针对污染物排放超过国家或者地方规定的排放标准，或者虽未超过国家或者地方规定的排放标准，但超过重点污染物排放总量控制指标的企业，采取强制性清洁生产审核，并对企业实施强制性清洁生产审核的情况进行监督，对企业实施清洁生产的效果进行评估验收。在本地区主要媒体上公布未达到重点污染物排放控制指标的企业名单

续表 4-10

名称	时间	相关内容
《环境影响评价法》	2002年10月28日通过,2016年7月2日第一次修正,2018年12月29日第二次修正	生态环境主管部门应当对建设项目投入生产或者使用后所产生的环境影响进行跟踪检查,对造成严重环境污染或者生态破坏的,应当查清原因、查明责任
《环境保护税法》	2016年12月25日通过,2018年10月26日修正	依据《环境保护税税目税额表》和《应税污染物和当量值表》,计算规定应税大气污染物的具体污染当量值,由纳税人向税务机关报送所排放应税污染物的种类、数量,大气污染物的浓度值
《大气污染防治法》	1987年9月5日通过,1995年8月29日第一次修正,2000年4月29日第一次修订,2015年8月29日第二次修订,2018年10月26日第二次修正	加强对建设施工和运输的管理,保持道路清洁,控制料堆和渣土堆放,扩大绿地、水面、湿地和地面铺装面积,防治扬尘污染。建立重点区域大气污染联防联控机制,统筹协调重点区域内大气污染防治工作。建立重点区域重污染天气监测预警机制,统一预警分级标准。违法追责
《环境保护法》	1989年12月26日通过,2014年4月24日修订,2015年1月1日起施行	排放污染物的企业事业单位和其他生产经营者,应当按照国家有关规定缴纳排污费,排污费应当全部专项用于环境污染防治。重点排污单位应当如实向社会公开其主要污染物的名称、排放方式、排放浓度和总量、超标排放情况,以及防治污染设施的建设和运行情况,接受社会监督

为落实多项环境治理工作,了解大气污染物治理现状,全国污染源普查对污染物的处理处置情况、渗滤液、污泥、焚烧残渣和废气的产生、处置及利用情况等进行了调查,并制定了《规划环境影响评价条例》。《规划环境影响评价条例》提出,规划实施区域的重点污染物排放总量超过国家或者地方规定的总量控制指标的,应当暂停审批该规划实施区域内新增该重点污染物排放总量的建设项目的环境影响评价文件。

在具体工作中,《国务院关于环境保护工作的决定》《国务院关于环境保护若干问题的决定》《环境保护"十一五"规划》《国务院关于加强环境保护重点工作的意见》《大气污染防治行动计划》《国务院办公厅关于进一步推进排污权有偿使用和交易试点工作的指导意见》《国务院办公厅关于推行环境污染第三方治理的意见》《党政领导干部生态环境损害责任追究办法(试行)》《"十三五"生态环境保护规划》提出了多项污染治理路径：一是完善减排统计、监测和考核体系，通过减免一定的费用鼓励各地区实施特征污染物排放总量控制；二是采用"税"和"费"对污染排放超标的企业实行监督管理，推动工业废气治理技术设备的改良；三是推进污染治理市场化，鼓励第三方治理，提高污染治理效率和专业化水平；四是树立企业环保意识，明确生态保护职责；五是开展环境与健康调查、监测和风险评估；等等。相关法规及其具体内容见表4-11。

表4-11 相关行政法规对污染排放治理的约束

名称	时间	相关具体内容
《国务院关于环境保护工作的决定》(国发〔1984〕64号)	1984.05.08	治理污染开展综合利用的一般技术措施，以及与原有固定资产的更新、改造结合进行的污染治理措施。适当提高用于污染治理的资金比例，企业留用的更新改造资金应优先用于治理污染
《国务院关于环境保护若干问题的决定》	1996.08.03	要按照"排污费高于污染治理成本"的原则，提高现行排污收费标准，促使排污单位积极治理污染。要加强排污费的征收、使用和管理
《国务院关于印发国家环境保护"十一五"规划的通知》	2007.11.22	将工业废气治理技术纳入"十一五"环境科技创新的优先领域。要求加强污染物排放监测和统计，综合运用排污许可、排污收费、强制淘汰、限期治理和环境影响评价等各项环境管理制度与手段，实现总量控制目标。加快市政公用事业改革，鼓励各类企业参与环保基础设施建设和运营，推进污染治理市场化
《国务院关于加强环境保护重点工作的意见》	2011.10.21	要求全面提高环境保护监督管理水平，继续加强主要污染物总量减排。完善减排统计、监测和考核体系，鼓励各地区实施特征污染物排放总量控制。开展机动车船尾气氮氧化物治理。提高重点行业环境准入和排放标准

续表 4-11

名称	时间	相关具体内容
《国务院关于印发大气污染防治行动计划的通知》	2013.09.12	加大排污费征收力度,适时提高排污收费标准,将挥发性有机物纳入排污费征收范围。建立企业"领跑者"制度,对能效、排污强度达到更高标准的先进企业给予鼓励
《国务院办公厅关于进一步推进排污权有偿使用和交易试点工作的指导意见》	2014.09.02	目的在于积极探索建立环境成本合理负担机制和污染减排激励约束机制,促进排污单位树立环境意识,主动减少污染物排放,切实改善环境质量。建立健全排污权有偿使用制度,加快推进排污权交易管理规范化
《国务院办公厅关于推行环境污染第三方治理的意见》	2015.01.14	根据污染物种类、数量和浓度,排污者承担治理费用,受委托的第三方治理企业按照合同约定进行专业化治理。要求到 2020 年,环境公用设施、工业园区等重点领域第三方污染治理效率和专业化水平明显提高
中共中央办公厅、国务院办公厅印发《党政领导干部生态环境损害责任追究办法(试行)》	2015.08.18	强化党政领导干部生态环境和资源保护职责。地方各级党委和政府对本地区生态环境和资源保护负总责,党委和政府主要领导成员承担主要责任,其他有关领导成员在职责范围内承担相应责任
《国务院关于印发"十三五"生态环境保护规划的通知》	2016.12.06	开展环境与健康调查、监测和风险评估。提升治理能力,加强生态环境监测网络建设,加强环境监管执法能力建设,加强生态环保信息系统建设。统一规划、优化环境质量监测点,建设布局合理、功能完善的环境空气质量监测网络,实现生态环境监测信息集成共享

综合上述,大气污染物排放后的治理政策集合了多学科的研究结晶。从经济学的视角出发,对超出标准的大气污染物排放实行收费和征税,鼓励污

治理市场化；从社会学的视角出发，积极开展环境与健康的调查、监测和风险评估；从管理学的视角出发，提升治理能力，加强生态环境监测网络建设，加强环境监管执法能力建设，加强生态环保信息系统建设；从教育学的视角出发，强化党政领导干部生态环境和资源保护职责，促进排污单位树立环境意识，主动减少污染物排放；从环境科学的视角出发，规划环境质量监测点，建设布局合理、功能完善的环境空气质量检测网络；等等。这些由多学科研究成果组合形成的政策措施，从不同的角度开展大气污染控制最后一个环节的工作，可追溯污染控制上游工作的成效，从而进一步完善大气污染防治政策体系。

4.2 中国大气污染防治政策演变规律

以《大气污染防治法》作为指导，以防治大气污染，保护和改善生态环境、生活环境，促进社会和经济可持续发展为目标，各部门和各级政府制定了多项大气污染防治法规，其中包括一些条例、办法、实施细则和规定。

针对《大气污染防治法》中的各项目标要求，国务院于2013年发布了《大气污染防治行动计划》。这是新形势下专门针对大气污染治理而制订出来的总体计划，是我国大气污染治理进入一个新时代的重要转折点。本节归纳总结该计划出台前后的大气污染防治政策以及大气污染防治政策演变的规律。

4.2.1 2013年之前的大气污染防治政策

随着1979年5月《环境保护法》的颁布，环境污染治理有了法律层面的支撑。此后，相继出台的《环境影响评价法》《环境保护税法》等，对水污染、土壤污染和大气污染等环境污染问题的治理做出了明确的法律规定。1987年9月5日通过的《大气污染防治法》是中国大气污染防治正式单列成法律的标志，成为各地区各项大气污染防治政策出台的标杆和基础。该项法规于1995年进行了第一次修正，于2000年进行了第一次修订。

依据这些法律规定，国家相继出台了一系列强化污染治理的补充政策，如《大气环境质量标准》(1982年)、《第一批机动车尾气排放标准》(1983年)、《汽车排气污染监督管理办法》(1990年)、《大气污染防治法实施细则》(1991年)等。这些政策的实施为《环境保护法》和《大气污染防治法》提供了更为具体的操作准则和工作指导。

在2013年的《大气污染防治行动计划》出台之前,我国大气污染治理的重点为对煤烟型污染物和二氧化硫排放的治理。虽然一些大气污染排放准则对悬浮颗粒物、扬尘等大气污染物制定了标准,但对其重视程度远不及煤烟型污染物和二氧化硫排放。1987年的《大气污染防治法》对锅炉的产品质量标准做出了严格的规定,对生产过程中的废气和粉尘排放做出了严格限制。1998年,由于传统煤炭燃烧工艺带来过量的二氧化硫排放,全国许多地区出现了酸雨等灾害天气,国家环境保护局正式划分了"两控区"(酸雨控制区和二氧化硫污染控制区)。为应对二氧化硫排放问题,我国于2002年发布了《关于二氧化硫排放总量控制及排污权交易政策实施示范工作安排的通知》《"两控区"酸雨和二氧化硫污染防治"十五"计划》等政策,并在"十一五"期间对全国主要污染物排放总量进行了计划和控制,并颁布实施了《进一步加大工作力度确保实现"十一五"节能减排目标》。

此外,国家出台了一些专门用于应对重大事件的短期限制性政策和突发事件的环境政策,所针对的重点大气污染物多为由煤炭燃烧带来的二氧化硫和工业烟粉尘排放。例如,《第29届奥运会北京空气质量保障措施》(2007年)、《国家突发环境事件应急预案》(2008年)、《突发环境事件应急预案管理暂行办法》(2010年)、《突发环境事件应急处置阶段污染损害评估工作程序规定》(2013年)等。

4.2.2 2013年之后的大气污染防治政策

在"十二五"规划时期,我国大气污染防治进入新时代。《大气污染防治法》在2013年进行了第二次修订,2018年进行了第二次修正。它指出,大气污染防治,应当以改善大气环境质量为目标,坚持源头治理,规划先行,转变经济发展方式,优化产业结构和布局,调整能源结构;应当加强对燃煤、工业、机动车船、扬尘、农业等大气污染的综合防治,推行区域大气污染联合防治,对颗粒物、二氧化硫、氮氧化物、挥发性有机物、氨等大气污染物和温室气体实施协同控制。同时,《大气污染防治法》注意到了我国能源消费结构的特征,注重煤炭在一次能源消费中的比重降低,对煤炭燃烧带来的大气污染做出了专项的规定。

2013年颁布实施的《大气污染防治行动计划》是国家在战略层面依据《大气污染防治法》设定的大气污染防治总体目标和思路。该政策注重对大气污染的全面系统综合治理,并重点关注工业企业大气污染治理、深化面源污染治理、强化移动源污染防治等。与此同时,该计划提出了多项大气污染防治具体行动计划,如加快产业结构升级、能源结构调整,增加清洁能源供应,提高技术创新能力等。

《大气污染防治行动计划》实施之后,生态环境部等部门针对大气污染防治重点区域、重点行业制订的大气污染防治计划或行动方案也相继出台。

依据《重点区域大气污染防治"十二五"规划》,大气污染防治的重点区域主要在京津冀、长三角、珠三角地区,共涉及19个省区市。近年来,为配合落实《大气污染防治行动计划》,生态环境部联合各部门颁布了多项区域性的大气污染综合治理方案,从不同地区的大气污染排放背景与攻坚任务入手,细化SO_2、NO_x、VOCs、$PM_{2.5}$、工业烟粉尘等大气污染物的减排目标。针对京津冀及周边地区、长三角地区、珠三角及周边地区、汾渭平原,以及长江经济带等重要区域,国家特别出台了《京津冀及周边地区落实大气污染防治行动计划实施细则》《京津冀及周边地区2017—2018年秋冬季大气污染综合治理攻坚行动方案》《京津冀及周边地区2018—2019年秋冬季大气污染综合治理攻坚行动方案》《京津冀及周边地区2019—2020年秋冬季大气污染综合治理攻坚行动方案》《长三角地区2018—2019年秋冬季大气污染综合治理攻坚行动方案》《长三角地区2019—2020年秋冬季大气污染综合治理攻坚行动方案》《汾渭平原2018—2019年秋冬季大气污染综合治理攻坚行动方案》《汾渭平原2019—2020年秋冬季大气污染综合治理攻坚行动方案》《长江经济带生态环境保护规划》。

重点行业主要体现在工业炉窑、火电、造纸等领域。针对重点行业大气污染防治,我国出台的文件主要有《关于开展火电、造纸行业和京津冀试点城市高架源排污许可证管理工作的通知》《关于推进实施钢铁行业超低排放的意见》《重点行业挥发性有机物综合治理方案》《工业炉窑大气污染综合治理方案》等,实施范围涵盖火电、造纸、钢铁、焦化、水泥、有色、建材、石化、化工、机械制造、工业涂装、包装印刷、油品储运销等行业,方案中明确制定了各行业相关的大气污染物排放标准和减排目标。

生态环境部先后为重点区域重点行业的大气污染物治理设定减排目标与具体实施方案,解决京津冀、长三角与珠三角及其周边地区电力、钢铁、水泥、平板玻璃等行业的二氧化硫、氮氧化物和烟粉尘等大气污染物排放问题。这些政策措施都着重强调了以下内容：调整优化产业结构，加快调整能源结构，积极调整运输结构，优化调整用地结构，有效应对重污染天气，加强基础能力建设。为落实重点地区重点行业大气污染防治计划的实施，生态环境部还发布了《蓝天保卫战重点区域强化督查方案》，对计划实施过程予以监督和审查。

此外，为了切实落实大气污染防治行动中的各项规定，一些地方政府结合当地的特点，积极开展立法，制定了一些地方性的大气污染治理规定，如《北京市大气污染防治条例》《南京市大气污染防治条例》《兰州市实施大气污染防治法办法》《山西省落实大气污染防治行动计划实施方案》《四川省灰霾污染防治实施方案》等。这些相关条例是地方政府因地制宜做出的积极努力，是《大气污染防治法》和《大气污染防治行动计划》的重要组成部分或实施细则。为保障《大气污染防治行动计划》的有效推进，国家还制定了一些支撑的技术指南，例如 2013 年发布的《大气颗粒物来源解析技术指南》等。

2013 年后，大气污染防治政策制定所针对的区域和行业更加明确，所关注的大气污染物种类也逐渐丰富，制定的相关标准和目标任务更精确，执行过程中的监督管理更严格。2018 年，我国出台了《打赢蓝天保卫战三年行动计划》，提出要在三年努力中实现主要大气污染物排放总量的大幅减少，温室气体排放的协同减少，$PM_{2.5}$ 浓度进一步明显降低，重污染天数明显减少，人民的蓝天幸福感明显增强。

4.2.3 规律总结

图 4-3 展示了《大气污染防治行动计划》实施前后多年各省区市 $PM_{2.5}$ 浓度的时空演变情况。由图 4-3 可以看出，在《大气污染防治行动计划》实施之前，全国 $PM_{2.5}$ 浓度整体较高，$PM_{2.5}$ 浓度较高的区域主要集中在包含京津冀、长三角等重点城市群的华北地区、华中地区、华东地区，整体处于波动状态，细颗粒物污染问题时有反复。在《大气污染防治行动计划》实施之后，各地区在不同时期的 $PM_{2.5}$ 浓度值存在明显的变化，2014—2016 年，$PM_{2.5}$ 浓度呈现全国范围内的降低，细颗粒物污染情况得到缓解，大气污染防治政策有一定的实施效果，但实施效果持续性不理想，2017 年明显有问题反复的情况。同时，大气污染防治政策在各省的实施效果呈现明显的区域差异，且 2017 年污染浓度不减反增的区域主要为以京津冀城市群为首的华北地区。

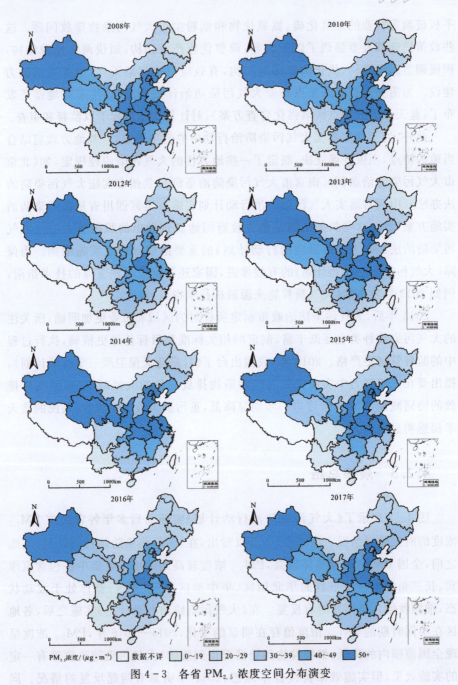

图4-3　各省 $PM_{2.5}$ 浓度空间分布演变

注：以《中国地图（分省设色）1：1100万（界线版　无邻国　无河流　线划（一））》（审图号：GS(2020)4632号）为底图；后同。

第4章 中国大气污染防治政策梳理与演变规律

依据上述梳理与分析,总结我国大气污染防治政策演变规律如下。

首先,我国大气污染防治政策的演变呈现出与发达国家大气污染防治政策演变基本一致的特征。当前,我国所面临的大气污染问题是工业化进程中必然会存在的问题,与美国及欧洲等发达国家在20世纪七八十年代工业化发展中遇到的大气污染问题基本一致,所采取的对策(如对各类大气污染物排放技术标准的制定、浓度的目标性约束等)也基本一致。我国大气污染防治政策所呈现的演变规律与国际规律相符,这是由工业化进程、经济发展情况,以及人类文明发展阶段所决定的。

第二,我国大气污染防治政策的制定和完善由法制向法治治理体系转化,不断向体系化、制度化、规范化、长效化的方向加以推进。随着环境类律法和《大气污染防治法》的不断完善,随着政府、企业和公众环境保护意识、法律意识和制度意识的不断提高,已有的碎片化的政策措施逐渐系统优化整合,并上升到制度层面、法律层面。在大气污染防治政策演变过程中,不同时期对能源消费约束的工作重心有所侧重,污染排放标准也随经济社会发展和科学技术进步不断调整和提高,后期治理统筹了多方治理路径,有效保障大气污染全方位全过程防治效果。

第三,我国大气污染防治政策初步实现了由单一型向复合型、由碎片化向综合化、由区域性向全国协同共治、由被动治理向主动防控的转型。由单一型向复合型的转型主要体现在大气污染物种类的变化,由最初专门针对煤烟型污染排放治理转变为针对细颗粒物、二氧化硫、工业烟粉尘等复合型大气污染物排放的治理。由碎片化向综合化的转型主要体现在原先片面化的目标型政策措施转变为多角度制定、多部门协调的综合性政策。由区域性向全国协同共治的转型体现在从单一针对高污染地区的政策转变为全国"一盘棋"、重点区域重点规划、区域协同共治的局面。由被动治理向主动防控的转型体现在由"头疼医头,脚疼医脚"的被动型政策转变为紧抓污染源头、约束污染排放、加强监督管理的全方位的主动防控政策措施。

第四,我国大气污染防治法治意识和人民群众的大气环境质量意识在不断提升,向着人民日益增长的优美生态环境需要发展。大气污染是人民群众健康生活的"心肺之患",严重影响到生产生活的质量。随着人民群众对清新空气、干净饮水、安全食品、优美环境的要求与期盼的日益增强,把优良的大气环境质量作为人民群众生产生活的根本保障和最普惠的民生福祉已经成为中国特色社会主义伟大事业的重要组成部分。有效治理大气污染,必须有法制作保障,这需要在实践中不断改进、完善和优化。

第5章 中国环境吸收能力测度与时空分异

开展环境吸收能力测度能为我国大气污染防治政策优化提供数据基础。环境吸收能力的测算是将对环境自身净化、吸收、降解处理污染物能力的定性描述进行量化的过程。

本章以习近平生态文明思想为指导,以污染控制经济学理论为基础,依据多学科交叉的环境吸收能力相关研究成果,科学选择环境吸收能力评价指标,构建系统、可行、有引导力的环境吸收能力指数测算指标体系,运用熵权法对权重进行客观赋值,测度全国各省环境吸收能力指数,了解我国当前环境吸收能力水平及其时空分异规律。

5.1 环境吸收能力测度方法选择

为了解中国环境吸收能力的时间和空间上的规律,本书对各地区环境吸收能力进行了测算,得出环境吸收能力指数。

目前,鲜有学者对环境吸收能力进行测算。依据前文文献分析,学者们对环境容量与环境承载力的研究起源较早,成果较多,他们的工作值得总结与借鉴。在对比了诸多方法之后,本书认为,在测算环境对大气污染的吸收能力时,应考虑到以下几个方面来选取测算方法。一是目前数据的局限。统计数据的应用与采纳决定了通过评价指标体系的构建来进行环境吸收能力的综合评价是较为科学、可行的一种方式。二是环境吸收能力测算的目的与意义。本书对环境吸收能力的测算目的在于为后文政策效应评估铺垫环境的自净、吸收、降解能力,而非仅仅对环境吸收能力进行评价,获得科学、全面、可信的指数结果比评价结果更为重要。因此,本书选取科学、客观的权数赋值法熵权法对环境对大气污染物的吸收能力指数进行测算。

一些学者将环境自净能力的概念融入环境质量评价指标体系中(刘伯龙

等,2015;屈小娥,2017;袁晓玲等,2019)。在这些研究中,衡量环境吸收能力的指标多为环境森林覆盖率、林地面积、绿地面积、降水量、水资源总量等反映地区自然条件的指标。其局限性体现在两个方面:一是未能全面反映生态环境中人类活动与自然条件对环境吸收能力的共同影响;二是未能从单一污染问题,如大气污染、水污染、土壤污染问题入手,深入探寻影响环境吸收能力的指标。

对环境吸收能力的测算与分析将弥补这两个方面的局限性,将人类活动影响纳入环境吸收能力/自净能力评价指标体系中,全面、客观、科学构建针对大气污染的环境吸收能力指标体系。

5.2 环境吸收能力指数测度

构建科学、系统、可行的环境吸收能力指标体系应首先明确指标体系构建应遵循的思想与基本原则,掌握各项指标在环境吸收能力测算中的内涵与所体现的价值是构建科学系统的环境吸收能力指标体系的基础。

5.2.1 指标体系的构建

1. 构建依据

构建的环境吸收能力指标体系本质在于衡量环境中大气、水、土壤等要素对污染物的净化能力。为科学构建环境吸收能力指标体系,应遵循以下几个基本思想。

首先,遵循与践行习近平生态文明思想。生态文明建设是中华民族永续发展的千年大计。党的十九大报告指出,要牢固树立社会主义生态文明观,推动形成人与自然和谐发展现代化建设新格局,为保护生态环境作出我们这代人的努力。习近平生态文明思想应贯穿环境吸收能力指标体系构建的全过程。

其次,将"山水林田湖草沙生命共同体"的概念与内涵融入指标选择与体系构建过程中。党的十九大报告指出,必须树立和践行绿水青山就是金山银山的理念,像对待生命一样对待生态环境,统筹山水林田湖草沙系统治理。"山水林田湖草沙"是一个有机的自然生态系统,与人类共同组成了一个有机、有序的"生命共同体",但在传统的空间内涵上,各项指标都是单独进行统计的。将"山水林田湖草沙"概念和基本特征体现在生态环境保护和修复工作中,强化"山水林田湖草沙"资源本底保护和综合治理,"突出重点、打造亮点"探索生命共同体的生态治理特色路径,是建立健全系统完备的生态环境保护修复制度与工作机制,推动生态环境保护工作创新的重点,也是实现"山清、水秀、林茂、田整、湖净、草丰、沙稳"这一生物多样性、环境整体性和生态系统性目标的重点。

最后,环境吸收能力指标体系的构建应体现环境、经济与社会的可持续发展理念。可持续发展要求在发展过程中提升经济发展质量、关注生态环境保护、追求社会公平和谐,达成经济可持续、环境可持续和社会可持续三者的协调统一。环境栖身的可持续良性循环为经济、社会的可持续发展提供了稳定的生态基础,从而确保新时代经济社会长期、稳定和健康的发展。

2. 基本原则

为客观、全面、系统地构建环境吸收能力指标体系,应遵循科学性、系统性、可行性与引导性的基本原则。

1) 科学性原则

遵循科学性原则构建的环境吸收能力指标体系能够更加准确地得到环境吸收能力指数测算结果。科学性原则的核心在于理论与实践的结合。一方面,指标的选取、数据的来源与计算都须拥有科学理论作支撑,需遵循能源、环境、经济发展的科学规律,对大气、水、土壤等环境要素对大气污染吸收的复杂运行过程及系统的相互关系做出准确全面的描述与分析,建立针对环境对大气污染的吸收能力的指标体系。另一方面,环境吸收能力评价过程是将定性的概念引入定量研究的过程,指标体系是反映抽象事物的客观、全面、具体的描述,所体现的是环境吸收能力评价中最本质且最重要的内容,在建立指标体系的过程中,应避免重叠指标出现。

2) 系统性原则

系统性原则体现评价指标体系构建的全面性与优化性。环境吸收能力评价涉及自然禀赋与人类活动影响两大重要因素,因此,环境吸收能力评价指标体系的构建要系统全面,充分考虑不同因素内部各个要素选择的合理性,并明确不同要素之间的关系,统筹全局、全面完整地思考环境吸收能力评价指标。同时,指标的数量并不是衡量评价指标体系系统性的唯一标准,应运用能够准确反映评价对象特征的典型性指标,突出核心要素,避免遗漏、重复、冗余。

3）可行性原则

构建具有可行性的指标体系保证了环境吸收能力评价的可行性，指标选取的可行性体现在指标的可量化性和数据的可获取性两个方面。在指标的可量化性方面，环境吸收能力涉及自然环境禀赋与人类活动等方面的内容，存在的部分内容难以使用准确定量化的方式进行表示，为了使得环境吸收能力测算更加准确，需要尽可能少地选取定性指标，也可将部分定性指标由可代表的定量指标替代。在数据的可获取性方面，需统一指标数据选取的口径，选取可靠的数据信息来源，同时要明确指标含义，剔除指标中的变异成分。没有数据支持，再好的指标体系于实际无益。

4）引导性原则

引导性原则旨在明确构建科学、系统、可行的评价指标的目的。构建环境吸收能力评价指标体系，目的在于引导各地区重视环境自身的自净、吸收和降解能力。构建的指标体系应具有一定的政策引导性，为环境政策的合理优化制定提供具体的指标，支撑引导环境政策的合理优化升级。

5.2.2 指标的具体选择

环境吸收能力测算的指标选择，一方面依据指标体系构建的基本思想与基本原则，另一方面借鉴各学科学者在环境吸收能力、环境自净能力等方面的研究成果，目的在于选取有代表性的指标，科学系统地构建环境吸收能力评价指标体系。部分学者在环境吸收能力测算的指标选取中做出了贡献，袁晓玲等（2019）用城市绿地面积、平均相对湿度、年降水量、水资源总量、湿地面积和森林面积等指标测算了大气、土壤和水体的环境吸收指数。然而，这些指标仅仅只是展现了自然生态环境中的因素，而影响环境吸收能力的因素除了自然因素，还有人为因素。因此，本书将自然条件禀赋与人类活动影响作为环境吸收能力评价体系中的两个维度，分类选取环境吸收能力指标。

紧扣大气污染环境的研究主题，构建的衡量环境对大气污染物吸收能力指标体系见表5-1。环境吸收能力测算所涉及的指标选取2004—2017年的统计数据，来源于2005—2018年的《中国统计年鉴》《中国环境年鉴》《中国城市统计年鉴》《中国林业统计年鉴》，以及2016年和2017年的《中国水资源公报》、各地区水资源公报。

第5章 中国环境吸收能力测度与时空分异

表5-1 环境吸收能力指标体系

指数	二级指标	具体指标	单位	性质	数据来源
环境吸收能力指数	自然条件禀赋	地表水资源量	亿 m³	正向	各地区水资源公报（2016，2017）、《中国统计年鉴》（2005—2018）
		森林面积	万 hm²	正向	《中国林业统计年鉴》（2005—2018）
		湿地面积	万 hm²	正向	《中国林业统计年鉴》（2005—2018）
		年降水量	mm/a	正向	《中国水资源公报》（2016、2017）《中国统计年鉴》（2005—2018）
	人类活动影响	建成区绿化覆盖率	%	正向	《中国城市统计年鉴》（2005—2018）
		城市建设用地面积（扣除城市绿地面积）	km²	负向	《中国城市统计年鉴》（2005—2018）
		突发环境事件	次	负向	《中国环境年鉴》（2005—2018）

地表水资源量：包括河流水资源、水库湖泊水资源和地球表面指定区域储存的各种水资源。作为水资源在地表的存在，相较于地下水，地表水与大气污染物的接触更频繁，可吸收作用面积更大。该指标为正向指标，即地表水资源量的增加在一定程度上会提升环境对大气污染物的吸收能力。

森林面积：依据《中国林业统计年鉴》描述，森林面积包括天然起源和人工起源的针叶林面积、阔叶林面积、针阔混交林面积和竹林面积，不包括灌木林地面积和疏林地面积。森林植被对大气污染物的吸收作用是不容置疑的。日本学者片山幸士（1984）提出，森林对大气中的飘尘（悬浮颗粒物）具有一定的拦截作用，并能够在一定程度上通过森林降水与林地土壤来净化吸收石油化工、重油燃烧与交通运输厅排放的二氧化硫与二氧化氮，对受到污染的环境有一定的净化作用。该指标为正向指标，即一个地区所拥有的森林面积越大，环境的吸收能力则越强。

湿地面积：统计中的湿地总面积包括近海与海岸湿地、河流湿地、湖泊湿地、沼泽湿地和人工湿地的面积。湿地在沉淀、排除、吸收和降解大气中的污染物、悬浮物方面有着独特的功能。张羽等(2019)认为,湿地对 $PM_{2.5}$ 和 PM_{10} 等大气颗粒物具有一定的阻滞作用。该指标为正向指标,即湿地面积越大,湿地对环境的调节与净化能力则越强。

年降水量:降水在一定程度上会改善区域的大气环境质量,并适当降低大气污染物浓度。张天宇等(2019)认为降水量与大气自净能力有显著的正相关关系。该指标为正向指标,在一定程度上,年降水量越大,对区域的降尘作用越明显,地表水资源量的保持越充分,环境吸收能力越强。各省区市的年降水量统计:2016 年与 2017 年数据来源于《中国水资源公报》(2016、2017),其余各省年降水量选取《中国统计年鉴》(2005—2018)中的主要城市年降水量代表。

建成区绿化覆盖率:由城市中所有植被的垂直投影面积计算得来,建成区绿化覆盖率为绿化覆盖面积占建成区面积的比重。关于建成区绿化所起到的作用,诸多学者对不同种类植被对大气污染物的吸收能力与大气自身净化能力进行了研究。城市的绿化植物具有吸收净化大气中 $PM_{2.5}$ 的能力(季静等,2013;黄玉源等,2017;陈志洁等,2018),一些植被还对二氧化硫和氟化物等大气污染物有较强的抗性,具有对大气污染的修复功能(张德强等,2003)。该指标为正向指标,即建成区绿化覆盖面积越大,环境吸收能力越强。

城市建设用地面积(扣除城市绿地面积)①:在此项指标的选取中,为确保指标的性质单一,将城市绿地面积从城市建设用地面积中扣除,故而使得城市建设用地面积能更有效地反映为人类生产生活提供物理空间载体的大小。为保证统计口径的一致,城市建设用地面积与城市绿地面积数据均来源于《中国城市统计年鉴》(2005—2018)。该指标为负向指标,即城市建设用地面积越大,环境的自身修复能力越弱,环境吸收能力越弱。

突发环境事件:该指标代表突发的危及公众身体健康和财产安全的环境质量下降、生态环境破坏等事件数量,其原因主要包括违反环境保护法规的经济、社会活动与行为,以及意外因素的影响或不可抗拒的自然灾害等。本书选取各地区特别重大突发环境事件、重大突发环境事件、较大突发环境事件和一般突发环境事件次数的总数来衡量突发环境事件次数。该指标为负向指标,

---

① 依据《城市用地分类与规划建设用地标准》(GB 50137—2011),城市建设用地是指城市(镇)内居住用地、公共管理与公共服务设施用地、商业服务业设施用地、工业用地、物流仓储用地、道路与交通设施用地、公用设施用地、绿地与广场用地的统称。城市建设用地规模/面积指上述用地面积之和。其中,绿地包括公共绿地(即公园和街头绿地)与生产防护绿地(即园林生产绿地和防护绿地),不包括专用绿地、园地和林地。中国城市规划建设用地结构中指出,城市绿地面积占城市建设用地面积的比例在 8%~15%之间。

即突发环境事件次数越多,对生态环境的破坏程度越大,环境修复能力越弱,环境吸收能力越弱。

5.2.3 环境吸收能力指数测算

多指标综合评价过程既是一个统计活动过程,又是一个定量的思维过程。熵权法是客观确定信息量权数的方法之一(Wang et al.,2015)。"熵"用于度量样本指标所提供的有效信息量,熵权法的本质是依据各研究对象各项评价指标的离散程度来确定指标的权重。各评价指标的离散程度越大,该指标提供的有效信息量就越大,从而信息熵值越小,熵权也相应越大;反之,信息熵值越大,熵权越小。

"熵"作为一个热力学的概念,自 Claude E. Shannon 将这一概念引入信息论之后,熵权法在工程技术、社会经济等研究领域得到广泛应用。该方法通过确定熵值来测量和评估所获得的信息量,如自然资源开发的经济特征(Jowsey,2009)、信息对投资者的价值(Cabrales et al.,2013)和可持续发展能力(Wang et al.,2015)。

基于构建的指标体系,测算样本被定义为一个在 T 年间,由 m 个国家与 n 个指标构成的矩阵:

$$X = \begin{bmatrix} X_{11} & X_{12} & \cdots & X_{1m} \\ X_{21} & X_{22} & \cdots & X_{2m} \\ \cdots & \cdots & \cdots & \cdots \\ X_{n1} & X_{n2} & \cdots & X_{nm} \end{bmatrix} \quad (5-1)$$

熵权法以指标的归一化值来定义指标的差异情况。熵值:

$$y_{tij} = \frac{x^*_{tij}}{\sum_{t=1}^{T} \sum_{i=1}^{m} x^*_{tij}} \quad (5-2)$$

式中,x_{tij} 代表第 i 个省份的第 j 项指标在第 t 年的值;$t=1,2,\cdots,T$;$i=1,2,\cdots,m$;$j=1,2,\cdots,n$;x^*_{tij} 被定义为 x_{tij} 接近其理想值,即无量纲化值,并根据指标的性质进行计算。

对于正向指标而言,$x^*_{tij} = x_{tij}/x_{\max}$;对于负向指标而言,$x^*_{tij} = x_{tij}/x_{\min}$。根据信息熵的识别,通过公式 $E_j = -k \sum_{t=1}^{T} \sum_{i=1}^{m} y_{tij} \ln(y_{tij})$ 计算可得第 i 个省份的第 j 项指标在第 t 年的信息熵。其中,$k \geq 0$。k 是受研究对象数量(即省份数量)和时间影响的常数,被定义为 $k = \ln(Tm)$。同时,$0 \leq E_j \leq 1$,因为最大熵

下的阶数是 0。$\ln(y_{tij})$ 是为避免出现零值和负值而对无量纲化值进行的线性变换。

因此,可以定义信息熵权重 W_j 的计算公式为

$$W_j = \frac{G_j}{\sum_{j=1}^{n} G_j} \tag{5-3}$$

式中,G_j 为各指标差异系数,$G_j = 1 - E_j$。

权重系数满足

$$\sum_{j=1}^{n} W_j = 1 \tag{5-4}$$

各省区市每年的环境吸收能力:

$$P_{ti} = \sum_{j=1}^{n} (W_j x_{tij}^*) \tag{5-5}$$

5.3 环境吸收能力时空分异规律

5.3.1 熵权结果分析

熵权用于度量样本指标所提供的有效信息量。权重的确定意味着各项单一指标对总体水平影响程度的确定。各指标的离散程度越大,该指标提供的有效信息量就越大。表 5-2 展现了由熵值法测算得出的 2004—2017 年各项指标权重。总体来看,在环境吸收能力指标体系测算的权重中,代表自然条件禀赋的四项指标的权重明显比代表人类活动影响的三项指标的权重大,这表明自然条件禀赋的情况对环境吸收能力的高低有着决定性的影响。地表水资源量、森林面积、湿地面积与降水量,各地区各年的变化量不大,不确定性较小,在指标体系中占据了较多的权重;而建成区绿化覆盖率、城市建设用地面积指标,随着社会经济发展与人们的生活需求而不断变化,不确定性较大,在指标体系评价中占据少部分权重;突发环境事件展现的是极端的不可控因素,在这些指标中的不确定性最大,平均每年的熵权值也最小。

表 5-2 熵值法 2004—2017 年各项指标权重计算结果

年份	指标权重						
	自然条件禀赋				人类活动影响		
	地表水资源量	森林面积	湿地面积	降水量	建成区绿化覆盖率	城市建设用地面积	突发环境事件
2004	0.320 261	0.199 868	0.264 185	0.097 124	0.036 22	0.044 911	0.037 431
2005	0.268 464	0.202 96	0.268 272	0.102 87	0.065 946	0.043 099	0.048 389
2006	0.291 381	0.190 924	0.252 364	0.169 418	0.028 967	0.034 544	0.032 401
2007	0.281 243	0.198 979	0.263 011	0.111 78	0.056 23	0.049 591	0.039 166
2008	0.276 45	0.181 739	0.240 223	0.123 197	0.107 712	0.043 494	0.027 186
2009	0.271 852	0.180 048	0.261 688	0.141 193	0.084 092	0.040 48	0.020 647
2010	0.260 916	0.183 798	0.267 139	0.169 432	0.056 861	0.043 311	0.018 543
2011	0.293 935	0.194 597	0.282 834	0.138 283	0.029 456	0.041 589	0.019 305
2012	0.266 929	0.179 038	0.296 418	0.157 838	0.045 004	0.035 989	0.018 783
2013	0.274 458	0.184 039	0.304 697	0.125 166	0.044 739	0.044 811	0.022 091
2014	0.269 571	0.168 995	0.279 796	0.142 891	0.075 197	0.035 896	0.027 654
2015	0.277 428	0.176 978	0.293 006	0.168 776	0.026 937	0.033 529	0.023 347
2016	0.261 891	0.175 036	0.289 792	0.159 244	0.046 945	0.036 024	0.031 069
2017	0.286 011	0.177 813	0.294 389	0.133 922	0.036 472	0.045 154	0.026 238
平均水平	0.278	0.187	0.272	0.138	0.054	0.042	0.028

5.3.2 环境吸收能力时空差异

经过科学计算研究得出 2004—2017 年中国 31 个省区市的环境吸收能力指数(见附录),并发现全国各省区市针对大气污染物的环境吸收能力整体水平不高,波动趋势明显,整体环境质量下降,地区差异较大。

从整体上来看,全国环境吸收能力普遍偏低。2004—2017 年,中国环境吸收能力呈现较明显的波动(图 5-1)。全国环境吸收能力总体平均水平为 0.295,2017 年全国环境吸收能力平均水平为 0.292,较 2004 年的 0.297 下降了 1.65%。其中,2008—2010 年的环境吸收能力逐渐上升,2012—2014 年和 2015—2017 年两个时期的环境吸收能力都有所下降。

图 5-1 2004—2017 年中国环境吸收能力平均水平

2004—2017 年各地区环境吸收能力如图 5-2 所示。从整体水平来看,在全国七大地区中,华南地区、西南地区和东北地区环境吸收能力平均水平高于全国平均水平,分别为 0.374、0.411 和 0.315,其中,西南地区环境吸收能力最强。华北地区、华东地区、华中地区和西北地区环境吸收能力平均水平低于全国平均水平,分别为 0.213、0.274、0.285 和 0.236,其中,华北地区环境吸收能力最弱。从时间趋势来看,2004—2017 年各地区环境吸收能力基本处于平稳状态,各年间有小幅度波动。从变化幅度来看,对比各地区 2004 年与 2017 年

第5章 中国环境吸收能力测度与时空分异

的环境吸收能力指数,七大地区中仅有华东地区和西北地区的环境吸收能力有所提高,分别增长了5.76%和12.10%;其他地区环境吸收能力都有不同程度的下降,其中,华北地区2017年的环境吸收能力水平较2004年下降了12.41%。

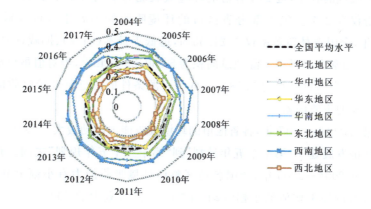

图5-2　2004—2017年全国与七大地区平均环境吸收能力对比示意图

就2004—2017年各省区市环境吸收能力平均水平比较而言,各地区的差异较大。西藏自治区环境吸收能力平均水平遥居于首位,为0.743。与其同样环境吸收能力平均水平大于0.5的有内蒙古自治区,为0.508。环境吸收能力平均水平处于0.3~0.5的省区有11个,分别是黑龙江省、广东省、四川省、江西省、青海省、云南省、广西壮族自治区、湖南省、福建省、湖北省和浙江省。环境吸收能力平均水平小于0.3的省区市有18个(图5-3)。

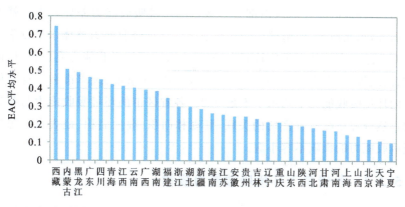

图5-3　2004—2017年各省区市环境吸收能力平均水平

基于以上对各省区市环境吸收能力指数的比较分析,现总结全国环境吸收能力指数的规律如下。

第一,全国环境吸收能力整体水平不高。依据全国环境吸收能力整体平均水平与七大地区平均水平的比较分析结果,中国环境吸收能力处于一个整体水平较低的状态,近2/3省份的环境吸收能力平均水平小于0.3,大于0.5的省份仅有2个。绝大部分省区市的环境吸收能力处于偏低或低的状态。2017年,全国森林覆盖率仅为21.63%,远低于日本(64%)、挪威(60%)、瑞典(54%)、加拿大(44%)。湿地总面积为5 360.26万hm^2,绝对值虽位居亚洲第一,但仅占全国总面积的5.58%。自然资源条件的匮乏是环境吸收能力整体水平不高的主要因素。

第二,2004—2017年,各省区市的环境吸收能力波动较大。2004—2017年,中国经济发展处于"第十个五年计划"到"第十三个五年规划"之间。在"十五"计划中的2004—2005年,全国各地区整体环境吸收能力有小幅上升,部分地区指数有围绕平均值的小幅波动;在"十一五"规划中的2006—2010年,全国各地区环境吸收能力指数趋于平稳,整体变化不大,各年间变化波动幅度不大,少数省份环境吸收能力有所下降;在"十二五"规划中的2011—2015年,环境吸收能力呈现微弱的上升趋势;在"十三五"规划中的2016—2017年,全国2017年环境吸收能力平均水平较2016年高,大多数区域2017年环境吸收能力较2016年高,仅有华南地区和东北地区2017年平均环境吸收能力较2016年低。人类活动影响是造成环境吸收能力水平波动的主要因素。地区的建设与发展,以及环境突发事件的不可控性,都给环境吸收能力的稳定性带来了挑战。

第三,各地区及各地区内部各省区市的环境吸收能力差异较大。就地区比较而言,东北地区、西南地区和华南地区的环境吸收能力整体水平较华北地区与西北地区高。就省份比较而言,西藏自治区环境吸收能力高居首位,而陕西省、河北省、甘肃省、河南省、上海市、山西省、北京市、天津市和宁夏回族自治区的环境吸收能力平均水平不足0.2。各省区市的环境吸收能力与各省区市的自然资源禀赋有着密切的关联,其森林面积、湿地面积、地表水资源量对环境吸收能力的影响不容小觑。

5.3.3 各情景下环境吸收能力规律

2004—2017年,全国环境吸收能力平均水平及在可持续情景、紧急情景和

第5章 中国环境吸收能力测度与时空分异

Soylent Green 悲观情景①(Ouardighi et al.,2014)三类情景下环境吸收能力指数的时间趋势和区域差异见图5-4和图5-5,各情景所涉及的省份及地区见表5-3。分析发现:①全国环境吸收能力整体水平不高,2004—2017年,全国总体环境吸收能力平均水平为0.295;②在不同情景下,环境吸收能力的差异较大,可持续情景下的环境吸收能力整体水平达到0.45(在西南、东北、华南等地区均有涉及),紧急情景下的环境吸收能力为0.25~0.3(主要集中在华东地区)而Soylent Green 悲观情景下的环境吸收能力不足0.2(主要集中在华北地区);③可持续情景下和紧急情景下的地区环境吸收能力指数波动明显,环境状态不稳定。同时,由所得权重可知,代表自然条件禀赋的四项指标的权重明显大于代表人类活动影响的三项指标的权重。这表明各地区自然条件禀赋的情况对环境吸收能力起着决定性作用,自然条件禀赋的限制是环境吸收能力整体水平不高的主要原因。人类活动影响各指标所体现的社会经济发展方式是造成环境吸收能力水平波动、地区差异较大的主要因素,地区的建设和发展及突发环境事件的不可控性给环境吸收能力的稳定性带来了挑战。

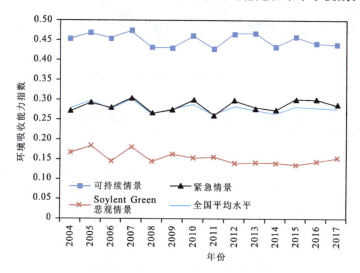

图5-4 不同情景下环境吸收能力指数波动趋势

---

① "Soylent Green"一词源于1973年理查德·弗莱舍的电影 *Soylent Green*。它描述了人类除了悲惨地忍受世界性的生态灾难外什么也做不了的情景。后来,学者将这种极端悲观的情景以"Soylent Green"命名。

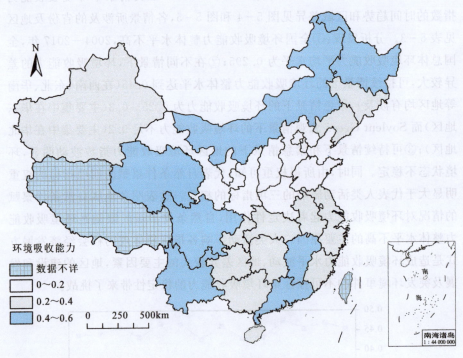

图 5-5 中国环境吸收能力空间分异

表 5-3 各情景所包含的省区市(西藏未统计)及其所在地区

情景	省区市	所在地区(数量/个)
可持续情景	内蒙古、黑龙江、广东、四川、青海、江西、云南	西南地区(2)、华北地区(1)、东北地区(1)、华南地区(1)、华东地区(1)、西北地区(1)
紧急情景	广西、湖南、福建、浙江、湖北、新疆、海南、江苏、安徽、贵州、吉林、辽宁、重庆	华东地区(4)、华南地区(2)、华中地区(2)、东北地区(2)、西南地区(2)、西北地区(1)
Soylent Green 悲观情景	山东、陕西、河北、甘肃、河南、上海、山西、北京、天津、宁夏	华北地区(4)、西北地区(3)、华东地区(2)、华中地区(1)

第6章 环境吸收能力对大气污染物浓度的影响[①]

环境对大气污染物的吸收能力在大气污染治理过程中是不容忽视的一个过程。加强环境对大气污染物的吸收能力是环境空气质量改善过程中的重要举措。因此,深刻了解环境对大气污染物的吸收能力及其异质性,是有针对性地提出大气污染防治新思路的前提和分析基础。

本章以 $PM_{2.5}$ 为例,选取 2004—2017 年中国 30 个省区市(西藏未统计)为研究样本,实证分析环境吸收能力对 $PM_{2.5}$ 浓度的影响程度,并通过 MCMC 优化的广义面板分位数回归方法分析不同大气污染分位数水平下环境吸收能力所发挥的作用,再运用情景分析探寻环境吸收能力对 $PM_{2.5}$ 浓度影响的异质性。所得结论为大气环境质量改善提供新的理论依据与实践建议。

6.1 理论假设

从理论上讲,由于环境吸收能力的存在,地球自身的力量是可以将环境恢复到原有或相近的活力水平,资源环境退化并不是不可逆的(Dasgupta et al.,2004)。环境吸收能力的作用存在于污染排放到环境负荷产生过程之间,一旦排放的污染物超过环境吸收能力,污染物就会在环境中累积,从而造成生态环境的破坏。Quardighi 等(2014)认为,环境吸收能力的增强能有效降低环境中的污染物浓度,且环境中存在的污染物总量随环境吸收能力的增加而减少、随排放率的增加而增加。同时,污染物排放的减少也会带来环境吸收能力作用的更好体现,二者形成一个良性的循环关系(袁晓玲等,2019)。因此,研究提出:

[①] 本章根据笔者 2021 年发表于《中国人口·资源与环境》的《环境吸收能力对中国 $PM_{2.5}$ 浓度影响研究》一文整理得来。

理论假设 1 地区环境吸收能力的提升会带来 $PM_{2.5}$ 浓度的降低。

理论假设 2 在 $PM_{2.5}$ 浓度较高的地区，环境吸收能力无法得到更好地体现。

各地区依据环境吸收能力的差异，区域环境状态可分为三种情景：可持续情景、紧急情景和 Soylent Green 悲观情景(Ouardighi et al.,2014)。在可持续情景下，环境质量处于一种稳定的状态，各环境要素富有弹性，生态经济系统的变化不会威胁到环境的可持续性；处于紧急情景下的地区，环境吸收过程的临界放缓，环境对污染物的吸收作用会迅速下降，这一情景下的地区应及时避免情况向悲观化发展；在 Soylent Green 悲观情景下，环境吸收能力被消耗殆尽或存在严重的滞后性效应，环境中存在一个持久的污染存量，且环境对能够吸收的污染物存在排斥，生态系统无法回到初始状态。

因此，研究提出：

理论假设 3 在环境吸收能力水平较高的地区，环境吸收能力的增强更有利于 $PM_{2.5}$ 浓度的减少；而在环境吸收能力低的地区，环境吸收能力对 $PM_{2.5}$ 浓度的减少作用很小甚至没有。

6.2 模型构建与变量设定

6.2.1 面板模型构建

为检验理论假设，构建面板回归方程：

$$PM_{it} = \alpha + \beta EAC_{it} + \gamma X_{it} + \varepsilon_{it} \tag{6-1}$$

式中，i 代表省区市；t 代表年份；PM_{it} 代表被解释变量；EAC_{it} 代表各省区市的环境吸收能力指数；X_{it} 代表各控制变量；ε_{it} 代表模型的误差项。

为检验个体的差异性，设定个体固定效应模型(fixed effects model, FEM)：

$$PM_{it} = \alpha + \beta EAC_{it} + \gamma X_{it} + \mu_{it} + \varepsilon_{it} \tag{6-2}$$

式中，μ_{it} 为个体固定效应。

依据变量体现的时间趋势，进一步加入时间趋势项 λ_{it}，对除第一年外的每个年份定义一个虚拟变量(T)，然后将($T-1$)个时间虚拟变量加入回归模型，

第6章 环境吸收能力对大气污染物浓度的影响

样本跨度14个年份,将13个时间虚拟变量加入模型,构建双向固定效应模型(two-way FEM):

$$PM_{it} = \alpha + \beta EAC_{it} + \gamma X_{it} + \mu_{it} + \lambda_{it} + \varepsilon_{it} \qquad (6-3)$$

在模型回归过程中,依据面板数据单位根检验结果和社会经济发展等因素的实际含义,对部分变量取对数处理。

6.2.2 异质性效应分析

为了加强对被解释变量 $PM_{2.5}$ 浓度条件分布的理解,深入了解环境吸收能力影响的内在规律,本书采用基于 MCMC 优化的广义面板分位数回归,从不同分位数水平度量环境吸收能力对分布中心的影响,以及对分布上尾和下尾的影响,使得固定效应模型测算结果更全面和精确。设变量 PM 的分布函数为 $F(PM)=P(PM<pm)$,则 PM 的第 τ 分位数为 $Q(\tau)=\inf\{pm:F(pm)\geqslant\tau\}$(Parzen,2004)。被解释变量的分位数方程为 $Q(pm_i|x_{it},\alpha_i)=x'_{it}\beta(\tau_j)+\alpha_i$,等号右边表示关于解释变量的被解释变量的条件分位数,通过求解 $\min\limits_{\alpha,\beta}\sum\limits_{j=1}^{J}\sum\limits_{t=1}^{T}\sum\limits_{i=1}^{N}W_j\rho_\tau(pm_{it}-x'_{it}\beta(\tau_j)-\alpha_i)$ 得到方程的参数值(魏下海,2009)。该方法的优点在于:广义分位数回归是无条件期望回归,所得的影响效应是无条件的,且与协变量的数量无关,同时使得分位数回归结果更稳健(Powell,2015,2016)。

为检验理论假设2,选用情景分析方法,以0.2和0.4为环境吸收能力临界点,将样本中的30个地区划分为可持续情景、紧急情景和 Soylent Green 悲观情景,环境吸收能力大于0.4的为可持续情景(蒙、黑、粤、川、青、赣、滇),在0.2~0.4之间的为紧急情景(桂、湘、闽、浙、鄂、新、琼、苏、皖、贵、吉、辽、渝),小于0.2的为 Soylent Green 悲观情景(鲁、陕、冀、甘、豫、沪、晋、京、津、宁)。在模型中,引入情景虚拟变量 Dum_Sustainability、Dum_Emergency 和 Dum_Soylentgreen,与环境吸收能力构成交叉项,剖析在不同环境情景下环境吸收能力对 $PM_{2.5}$ 浓度的影响差异,虚拟变量分别对这三种情景下的区域赋值为1,其他地区赋值为0。

研究选用随机效应模型(random effects model,REM)来研究环境吸收能力对 $PM_{2.5}$ 浓度影响的异质性。选择随机效应模型的原因有3点:①处于不同情景下的地区被视为一个随机变量,是许多处于该情景地区的一部分;②基于 Hausman 检验的结果,没有拒绝"固定效应模型和随机效应模型所估计的系数都是一致的,且随机效应估计的系数是最有效估计"的原假设;③模型引入虚拟变量的要求。式(6-4)表示单随机效应模型,式(6-5)表示双向随机效应模型(Angeliki et al.,2011)。

$$PM_{it} = \alpha + \beta' EAC_{it} + \gamma' X_{it} + \mu_{it} \tag{6-4}$$

$$PM_{it} = \alpha + \beta' EAC_{it} + \gamma' X_{it} + \mu_{it} + \omega_{it} + \varepsilon_{it} \tag{6-5}$$

其中:

$$E(\mu_{it}) = 0$$
$$Var(\mu_{it}) = \sigma_\mu^2$$
$$Cov(\varepsilon_{it}, \mu_{it}) = 0$$

6.2.3 变量选择与数据来源

被解释变量:PM$_{2.5}$ 浓度。各省区市的 PM$_{2.5}$ 浓度数据来源于华盛顿大学圣路易斯分校(Washington University in St. Louis)大气成分分析组(Atmospheric Composition Analysis Group),由遥感数据解析为地理加权数据。

解释变量:环境吸收能力(eac),由测算得到的各省区市环境吸收能力指数表示。

结合相关文献与数据可获得性,本书选取如下控制变量。

(1)人口因素。以往的研究发现,PM$_{2.5}$ 浓度与人口规模和城市化率均存在显著相关性(Wang et al.,2017,2020)。选择城镇人口数(万人)(pop)表示人口规模,城镇化水平(%)(cit)表示城镇化率。

(2)污染来源。化石燃料特别是煤炭的燃烧是导致大气污染的主要因素,煤炭消费总量的调整对 PM$_{2.5}$ 浓度有着直接贡献(薛文博等,2016),选择煤炭消费量(万 t)(cons_coal)表示污染来源。

(3)环境规制强度。不同类型环境规制对雾霾污染的影响有显著差异(周杰琦等,2019),在一定程度上,环境规制强度越大,雾霾的治理效果越好(刘晓红等,2016)。该变量由各地区环境污染治理投资占 GDP 的比重(%)(ratio_inves)表示。

(4)结构因素。魏巍贤等(2015)认为,以低热值煤炭为主的能源消费结构特征对环境影响较大,能源消费结构调整是治理 PM$_{2.5}$ 的根本手段。产业结

构对 $PM_{2.5}$ 的影响也被诸多学者论证,他们认为高污染、高能耗企业在经济结构中所占比例过高会导致 $PM_{2.5}$ 的大量排放(Cheng et al.,2017;Yan et al.,2020)。模型结构因素分别用煤炭占一次能源消费比重(%)(stru_coal)和第二产业比例(%)(ratio_gdpsec)表示。

研究选取 2004—2017 年 30 个省区市为样本。环境吸收能力指数测算各指标数据及计量模型中变量数据来源于 2005—2018 年的《中国统计年鉴》《中国环境统计年鉴》《中国环境年鉴》《中国城市统计年鉴》《中国能源统计年鉴》。各变量描述性统计见表 6-1。

表 6-1 各变量描述性统计

变量	观测值	均值	标准差	最小值	最大值
$\ln(PM_{2.5})$	420	3.627	0.438	2.322	4.434
ln(eac)	420	−1.379	0.472	−2.481	−0.574
ln(pop)	420	8.171	0.749	6.29	9.321
ln(cit)	420	3.923	0.261	3.269	4.495
ln(cons_coal)	420	9.085	0.924	5.806	10.668
ratio_inves	420	1.347	0.667	0.299	4.231
stru_coal	420	62.312	20.267	4.911	95.287
ratio_gdpsec	420	46.699	8.083	19	61.5

6.3 环境吸收能力对 $PM_{2.5}$ 浓度的影响

6.3.1 假设检验

为保证估计结果的有效性,避免伪回归发生,本书对部分变量取对数处理并采用同根单位根检验(HT 检验)和异根单位根检验(ADF 检验、PP 检验)对各变量进行单位根检验,结果如表 6-2 所示,检验结果均拒绝了含有单位根的原假设,认为所有序列均为平稳过程。

表 6-2 各变量单位根检验

变量	HT 检验	PP 检验	ADF 检验
$\ln(PM_{2.5})$	−0.0103***	262.987***	181.0317***
$\ln(eac)$	−0.0294***	358.523***	123.9713***
$\ln(pop)$	0.4271**	482.210***	141.7755***
$\ln(cit)$	0.2936***	354.106***	85.0869**
$\ln(cons\_coal)$	0.4930*	161.938***	97.1917**
ratio_inves	0.1077***	124.784***	271.2959***
stru_coal	0.5918	87.796**	140.6848***
ratio_gdpsec	0.6412	86.930**	199.4368***

注：***、**、* 表示变量序列分别在1%、5%、10%的显著性水平上平稳。

表 6-3 展示了环境吸收能力和 $PM_{2.5}$ 浓度的面板估计结果。模型 1 为混合回归模型，模型 2、模型 3 分别为固定效应模型和随机效应模型。依据 F 检验结果，在混合回归和固定效应回归中选用固定效应回归模型。依据 Hausman 检验值 29.70，Prob(Hausman)小于 1%，选择固定效应模型的结果更为有效。因此，引入时间效应构建变截距双向固定效应模型（模型 4）。由模型 4 可得，环境吸收能力对 $PM_{2.5}$ 浓度呈现显著的负向影响，地区环境吸收能力每上升 1%，$PM_{2.5}$ 浓度则降低 0.123 个百分点。模型 4 中的变量均为显著，说明存在一定的时间效应。

进一步观察控制变量可知，城镇化的发展整体上对大气环境质量的改善有促进作用，虽然城镇化的直接结果就是城镇人口的增加，但城镇化水平的提高有利于推进地区各方面资源的整合与利用，经济发展水平、科技水平和教育水平的提高对大气污染有一定的缓解。能源消费量与 $PM_{2.5}$ 浓度的相关系数显著为正，能源消费量的增加会使 $PM_{2.5}$ 浓度增加，同时煤炭在一次能源消费中的比重降低会导致 $PM_{2.5}$ 浓度显著降低。近年来，虽然清洁能源应用发展迅速，但煤炭仍然是我国当前生产生活中主要采用的化石能源，钢铁、化工、冶金、水泥等行业对煤炭的需求量都很大。环境污染治理投资的增加代表了政府对环境污染治理的决心和力度，对 $PM_{2.5}$ 浓度有在 10%水平下的显著正效应。产业结构的优化推进了大气污染的治理，当前，全国各地区第二产业的比

第6章 环境吸收能力对大气污染物浓度的影响

重都有所降低,第三产业蓬勃发展,加之对高污染、高能耗产能的大力控制,产业发展逐渐向清洁化方向迈进。

表6-3 环境吸收能力和 $PM_{2.5}$ 浓度的面板估计结果

变量	模型1 混合	模型2 FEM	模型3 REM	模型4 two-way FEM
ln(eac)	-0.592***	-0.157***	-0.207***	-0.123***
	(-15.56)	(-3.27)	(-4.47)	(-2.96)
ln(pop)	0.285***	-0.286**	-0.085	-0.666***
	(6.93)	(-2.21)	(-1.16)	(-5.29)
ln(cit)	0.117*	-0.423***	-0.391***	-0.854***
	(1.67)	(-5.63)	(-5.40)	(-7.54)
ln(cons_coal)	-0.133***	0.164***	0.143***	0.074**
	(-3.67)	(5.02)	(4.48)	(2.57)
ratio_inves	0.096***	0.001	0.001	0.018*
	(3.27)	(0.07)	(0.06)	(1.67)
stru_coal	0.046	-0.095***	-0.075**	-0.044*
	(1.02)	(-3.18)	(-2.55)	(-1.78)
ratio_gdpsec	0.016***	-0.006***	-0.004***	-0.005***
	(6.78)	(-3.86)	(-2.89)	(-3.44)
常数项	0.145	6.564***	4.762***	11.720***
	(0.35)	(6.08)	(7.36)	(8.94)
观测值	420	420	420	420
时间固定效应	否	否	否	是
地区固定效应	否	是	否	是
F值/Wald值	50.058	112.05	50.202	181.65
Prob>F值/ Prob>Wald值	0.000	0.000	0.000	0.000
R^2	0.460	0.115	0.106	0.485

注:括号内为t检验值;FEM采用F值检验,REM采用Wald值检验;R^2为拟合优度(后同);***、**、*分别表示变量的显著性水平为1%、5%、10%。

6.3.2 稳健性检验

为保证模型结果的稳定性,研究采取两种方法进行检验:一是采用逐一剔除控制变量的方式,结果如模型 5~模型 7 所示;二是以滞后一期的 $PM_{2.5}$ 浓度作为因变量进行稳健性检验,结果如模型 8 所示(表 6-4)。其中,模型 5~模型 7 为双向固定效应模型,模型 8 为个体固定效应模型。在稳健性检验结果中,各变量相关系数符号未发生变化,仅在影响程度上存在细微差异,因此,认为模型结果稳健。

表 6-4 环境吸收能力和 $PM_{2.5}$ 浓度的稳健性检验结果

变量	模型 5	模型 6	模型 7	模型 8
	two-way FEM			FEM
ln(eac)	−0.136*** (−3.30)	−0.123*** (−3.03)	−0.120*** (−2.94)	−0.161*** (−3.30)
ln(pop)	−0.573*** (−4.58)	−0.564*** (−4.50)	−0.599*** (−4.82)	−0.127 (−0.87)
ln(cit)	−0.958*** (−8.64)	−0.933*** (−8.46)	−0.894*** (−8.21)	−0.420*** (−5.54)
ln(cons_coal)	0.040* (1.73)	0.046** (1.99)		0.109*** (3.37)
ratio_inves	0.019* (1.77)			0.022* (1.66)
stru_coal				−0.002*** (−2.62)
ratio_gdpsec				−0.002 (−1.52)
常数项	11.204*** (8.48)	11.023*** (8.35)	11.573*** (8.93)	5.288*** (4.50)

第6章 环境吸收能力对大气污染物浓度的影响

续表 6-4

变量	模型5	模型6	模型7	模型8
	two-way FEM			FEM
观测值	420	420	420	390
时间固定效应	是	是	是	否
地区固定效应	是	是	是	是
F 值	201.36	204.12	203.60	109.68
Prob>F 值	0.000	0.000	0.000	0.000
R^2	0.467	0.462	0.457	0.103

注：括号内为 t 检验值；FEM 采用 F 值检验；***、**、* 表示变量的显著性水平为 1%、5%、10%。

6.3.3 异质性效应检验

6.3.3.1 分位数回归

依据不同地区的经济社会发展水平、环境吸收能力、大气环境质量等因素的异质性，通过 MCMC 优化的广义面板分位数回归和情景分析，本书讨论了不同大气质量水平和环境情景下，环境吸收能力对 $PM_{2.5}$ 浓度的不同影响。

本书利用 MCMC 优化的广义面板分位数回归技术得到 $PM_{2.5}$ 浓度分布变迁条件下的环境吸收能力影响估计值的分布规律和影响趋势，分析结果见表 6-5 和图 6-1。表 6-5 按照 5 个代表性分位数（10%、25%、50%、75%、90%）给出了环境吸收能力对 $PM_{2.5}$ 浓度的影响效应。由表 6-5 可知，首先，从整体来看，随着 $PM_{2.5}$ 浓度分位数水平的提高，环境吸收能力对其影响程度逐渐增大，但是，环境吸收能力的影响效应并不会随着 $PM_{2.5}$ 浓度的上升而必然增加，例如在 60% 分位数水平下，环境吸收能力影响迅速下降。其次，环境

吸收能力对 $PM_{2.5}$ 治理的影响幅度较大,说明 $PM_{2.5}$ 浓度较低的地区,$PM_{2.5}$ 浓度受环境吸收能力的影响有限,而 $PM_{2.5}$ 浓度较高的地区,环境吸收能力的作用效果更加明显。再者,在95%分位数水平上,环境吸收能力没有通过显著性检验,说明在 $PM_{2.5}$ 浓度极高的地区,环境吸收能力的作用效果极弱,可视为没有作用。

表6-5 不同分位数水平下的环境吸收能力影响效应

变量	10%	25%	50%	75%	90%
ln(eac)	-0.918***	-0.735***	-0.589***	-0.432***	-0.297***
	(-71.560)	(-61.680)	(-35.970)	(-25.380)	(-30.340)
ln(pop)	0.561***	0.416***	0.306***	0.198***	-0.028***
	(39.090)	(47.190)	(31.910)	(21.650)	(-4.130)
ln(cit)	0.209***	0.215***	0.125***	0.201***	0.030***
	(5.580)	(11.370)	(2.780)	(11.560)	(4.240)
ln(cons_coal)	-0.109***	-0.140***	-0.132***	-0.151***	0.068***
	(-3.950)	(-27.340)	(-9.720)	(-13.070)	(19.230)
ratio_inves	0.056***	0.022***	0.062***	-0.018**	-0.019***
	(3.990)	(4.580)	(10.250)	(-2.190)	(-2.880)
stru_coal	0.003***	0.004***	0.002***	0.003***	0.002***
	(7.680)	(9.030)	(2.570)	(5.120)	(10.770)
ratio_gdpsec	0.007***	0.014***	0.014***	0.013***	0.001*
	(2.970)	(20.060)	(8.240)	(18.670)	(1.770)

注:括号内为z值;***、**、*分别表示变量的显著性水平为1%、5%、10%。

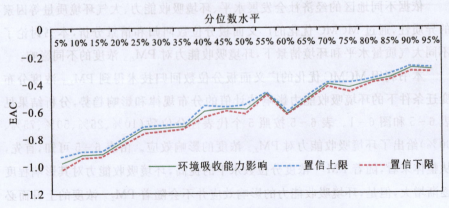

图6-1 各分位数水平下的环境吸收能力影响趋势图

第6章 环境吸收能力对大气污染物浓度的影响

6.3.3.2 情景分析

进一步分析不同环境情景下环境吸收能力影响的异质性。表6-6中，模型9为混合回归模型，模型10和模型11分别表示引入交叉项之后的固定效

表6-6 不同情景下环境吸收能力与$PM_{2.5}$浓度估计结果

变量	模型9	模型10	模型11	模型12	模型13	模型14	模型15
	混合	FEM	REM	two-way REM			
Dum_Sustainability ×eac	−1.687***	−0.678**	−1.136***	−0.988***	−0.803***	−0.984***	−0.861***
	(−8.56)	(−2.07)	(−4.86)	(−4.60)	(−4.35)	(−4.58)	(−4.26)
Dum_Emergency ×eac	−1.178***	−0.679**	−0.737***	−0.632***	−0.806***	−0.560***	−0.613***
	(−4.07)	(−2.54)	(−3.16)	(−3.03)	(−2.98)	(−2.85)	(−2.93)
Dum_Soylentgreen ×eac	−0.271	−0.378	−0.005	−0.185	−0.182	0.025	0.017
	(−0.52)	(−0.83)	(−0.01)	(−0.51)	(−0.50)	(0.07)	(0.05)
ln(pop)	0.199***	−0.228*	−0.059	−0.125*	−0.123*	−0.116	−0.117
	(4.92)	(−1.78)	(−0.83)	(−1.75)	(−1.72)	(−1.60)	(−1.60)
ln(cit)	0.205***	−0.379***	−0.325***	−0.505***	−0.503***	−0.523***	−0.530***
	(3.05)	(−5.04)	(−4.57)	(−4.82)	(−4.78)	(−5.06)	(−5.11)
ln(cons_coal)	−0.098***	0.146***	0.127***	0.089***	0.091***	0.088***	0.089***
	(−2.74)	(4.73)	(4.25)	(3.30)	(3.35)	(3.27)	(3.29)
ratio_inves	0.100***	0.004	0.002	0.015	0.016	0.015	0.015
	(3.46)	(0.31)	(0.14)	(1.37)	(1.43)	(1.36)	(1.38)
stru_coal	0.000	−0.002***	−0.001**	−0.001*	−0.001	−0.001	−0.001
	(0.21)	(−2.71)	(−2.12)	(−1.66)	(−1.64)	(−1.52)	(−1.51)
ratio_gdpsec	0.017***	−0.005***	−0.004***	−0.004**	−0.004***	−0.004**	−0.004**
	(6.96)	(−3.54)	(−2.61)	(−2.54)	(−2.65)	(−2.45)	(−2.46)
常数项	1.490***	6.177***	4.694***	6.064***	6.034***	6.055***	6.084***
	(4.16)	(5.87)	(7.75)	(7.78)	(7.72)	(7.75)	(7.73)
观测值	420	420	420	420	420	420	420
R^2	0.489	0.114	0.104	0.453	0.454	0.453	0.454
F值/Wald值	43.557	104.54	59.223	301.664	298.427	300.330	297.844
Prob>F值/Prob>Wald值	0.000	0.000	0.000	0.000	0.000	0.000	0.000

注：括号内为t值；FEM采用F值检验，REM采用Wald值检验；Dum-Sustainability、Dum_Emergency、Dum_Soylentgreem表示三种情景的虚拟变量；***、**、*分别表示变量的显著性水平为1%、5%、10%。

应模型和随机效应模型。依据 Hausman 检验值为负(－100.75),选用随机效应模型更为合适。模型 12 为引入时间效应的双向随机效应模型。为检验模型结果的稳健性,将情景划分临界值进行细微调整,分别检验了以 0.2 和 0.3 为界(模型 13)、以 0.15 和 0.4 为界(模型 14)、以 0.15 和 0.35 为界(模型 15)三种不同情景下的环境吸收能力影响效应,发现回归结果方向和组间差异与模型 11 一致,模型结果稳健。

综合表 6-6 中的结果可知,在可持续情景和紧急情景下,环境吸收能力对 $PM_{2.5}$ 浓度的作用显著为负,且在可持续情景下的影响程度更大,而在 Soylent Green 悲观情景下,环境吸收能力的作用并未体现。其主要原因在于,在可持续情景下,地区森林、湿地等自然条件禀赋有显著优势,整体生态系统保护较完整,环境质量处于基本稳定状态,山水林田湖草沙各环境要素富有弹性,加之处于可持续情景下的 7 个省份建成区面积所占比重较小,大气污染突发环境事件次数几乎为 0,人类活动带来的负面影响较小,因此,环境吸收能力对 $PM_{2.5}$ 浓度的影响尤为明显。紧急情景下的地区,其自然条件禀赋相对较弱,社会经济发展方式的不尽合理使得近年来生态系统有所破坏,环境吸收能力对 $PM_{2.5}$ 浓度的影响显著,但影响程度较可持续情景下弱,全国有 1/3 以上的省份处于紧急情景之下。Soylent Green 悲观情景下的地区主要集中在华北地区和北京、上海等经济发展迅速的大都市,华北地区本身因气候条件影响,容易出现沙尘、雾霾天气,同时这些省份森林覆盖率较低,人造林对 $PM_{2.5}$ 的降解作用需要一些时间才得以显现,湿地面积不断减少,加之能源消费结构不尽合理和秋冬季节供暖以煤炭燃烧为主等因素,环境吸收能力在这些地区对 $PM_{2.5}$ 的治理作用不显著。

在不同情景下,环境吸收能力对 $PM_{2.5}$ 浓度的影响不同,影响程度呈现"可持续情景＞紧急情景"的规律,且在悲观情景下的地区,环境吸收能力的作用并未体现。自然条件禀赋越好,人类活动对生态系统影响越小,环境吸收能力在 $PM_{2.5}$ 浓度降低过程中所体现的作用越突出。三种情景下环境吸收能力对 $PM_{2.5}$ 浓度影响的差异及其原因,为探索优化大气污染防治新路径提供了有力依据。

第 7 章 区域大气污染防治政策效应评估

实行命令-控制型环境约束是我国大气污染防治工作的重要手段。随着经济社会的不断发展,大气污染问题也呈现出阶段性特征,相关防治政策也进行着有针对性的调整。而政策调整的重要依据就是政策的执行效果。大气污染防治政策实施是否有效?各时期政策效应有无差异?这些都是政策优化需深入分析的问题。

在探讨了环境吸收能力与 $PM_{2.5}$ 浓度的相关性后,本章将环境吸收能力指数纳入政策效应评估模型,以污染控制经济学为理论框架,以《大气污染防治行动计划》和《长江经济带发展规划纲要》为政策研究对象,通过 $PM_{2.5}$ 浓度变化,选取大气污染防治过程中包括污染来源、污染排放、污染治理水平等环节作为主要因素,分析《大气污染防治行动计划》和《长江经济带发展规划纲要》的实施效果,并探讨环境吸收能力在大气污染防治政策执行中起到的作用。

7.1 大气污染防控政策实施概况

7.1.1 政策背景

2013 年 9 月颁布实施的《大气污染防治行动计划》是约束京津冀、长三角和珠三角城市群大气污染物排放量的重要政策。《大气污染防治行动计划》的多项条例中提出,需要通过多方面的综合治理来减少大气污染物的排放量,尤其是对细颗粒物 $PM_{2.5}$ 的治理,要求到 2017 年,京津冀、长三角、珠三角等重点地区 $PM_{2.5}$ 浓度分别下降约 25%、20%、15%,要求建立京津冀、长三角和珠三角等典型城市群的联防联控机制。京津冀、长三角和珠三角等典型城市群在中国是人均可支配收入最高、生活服务最完善、技术进步最显著的地区,是我国经济社会发展的领跑者(李琳等,2018)。但与此同时,三大典型城市群的大气污染问题成为国家关注的重中之重,我国在相当长的一段时间都对典型城市群及其周边地区的大气污染物排放做了不同程度的约束。自2013年《大气污染防治行动计划》颁布实施后,国家对重点地区的大气污染物防治工作提出了更加细致严格的要求,增加了工作部署,例如《重点区域大气污染防治"十二五"规划》,以及针对京津冀、长三角等地区连续多年颁布的大气污染综合治理攻坚行动方案和实施细则等。

2017年是《大气污染防治行动计划》实施的收官之年,评估此项政策的实施在京津冀、长三角、珠三角等重点城市群的实施效果对进一步落实《打赢蓝天保卫战三年行动计划》中对重点地区的大气污染防治工作要求有着至关重要的实践性作用。因此,选取《大气污染防治行动计划》及对重点地区的大气污染防治政策作为评价大气污染防治政策效应的政策代表,逐年评价该项政策的执行对京津冀、长三角和珠三角城市群 $PM_{2.5}$ 浓度的影响程度,判断该项政策实施效应及其变化。

7.1.2 政策实施情况

近年来,政府在新一轮规划中对前期环境政策实施效果的评价多为肯定的,并认为各地区、各部门在节能减排、调整经济结构、转变经济发展方式的工作中取得了显著的成效。

1. "十五"以来,全国酸雨和二氧化硫污染防治工作取得了一定进展

"十五"期间,国家对"两控区"制订了酸雨和 SO_2 污染综合防治规划,特别是针对区域内重点行业,采取了关闭高硫煤矿、市区禁烧原煤的措施,并且推广使用低硫煤和清洁能源。部分省份还颁布了地方性的 SO_2 和 NO_x 排放标准,开展了采用绩效方法分配火电厂 SO_2 总量控制指标和 SO_2 排污交易试点工作,进行了"清洁能源行动"示范工作。一系列措施使得高硫煤产量减少了3200万 t,淘汰的小火电机组减少了 SO_2 排放量约40万 t。2005年底,累计建成火电机组烟气脱硫设施5300万 kW,在建火电机组烟气脱硫设施约2亿 kW[①]。

[①]数据来源于《国家酸雨和二氧化硫污染防治"十一五"规划》。

第7章 区域大气污染防治政策效应评估

与此同时,《大气污染防治法》于2000年4月再次修订,《燃煤二氧化硫排放污染防治技术政策》《两控区酸雨和二氧化硫污染防治"十五"计划》《排污费征收使用管理条例》《火电厂大气污染物排放标准》等政策的颁布实施对酸雨和二氧化硫污染的控制起到了重要作用。

2."十一五"时期,大气污染防治工作有效扭转了我国工业化、城镇化快速发展阶段能源消耗强度和主要污染物排放量上升的趋势

"十一五"期间,国家把能源消耗强度降低和二氧化硫等主要污染物排放总量减少确定为经济社会发展的约束性指标,并在这两个方面取得重要进展。"十五"阶段后期单位GDP能源消费量和主要污染物的排放总量大幅度上升,"十一五"时期的节能减排工作有效地扭转了这一趋势,我国"十一五"规划制定的环境保护目标和重点任务全面完成。2010年,环保重点城市SO_2年平均浓度较2005年相比下降26.3%,化学需氧量比2005年下降了12.45%,火电脱硫装机比重由12%提高到82.6%。同时,全国火电供电煤耗、吨钢综合能耗、水泥综合能耗、合成氨综合能耗均下降超过10%,能源利用效率大幅度提高[1]。

此外,"十一五"时期,我国节能法规标准体系、政策支持体系、技术支撑体系、监督管理体系初步形成,重点污染源在线监控与环保执法监察相结合的减排监督管理体系初步建立,全社会节能环保意识进一步增强。

3."十二五"期间,大气污染防治工作总体效果显著

《"十三五"生态环境保护规划》指出,2015年,全国地级及以上城市$PM_{2.5}$浓度为$50\mu g/m^3$,京津冀、长三角、珠三角地区$PM_{2.5}$浓度较2013年分别下降了27.4%、20.9%、27.7%,酸雨区占国土面积比例由历史高峰值的30%左右降至7.6%,大气污染防治初见成效,治污减排目标任务超额完成。到2015年,全国脱硫、脱硝机组容量占煤电总装机容量比例分别提高到99%、92%,完成煤电机组超低排放改造1.6亿kW。同时,"十二五"期间,全国化学需氧量和NH_3、SO_2、NO_x排放总量分别累计下降12.9%、13%、18%、18.6%。

4."十三五"期间,大气污染防治工作在目标指标的落实上初见成效,但环境空气质量改善仍旧是一项艰巨的任务

自《大气污染防治行动计划》实施起,大气环境质量改善成效逐渐显现。

---

[1] 数据来源于《"十二五"节能减排综合性工作方案》《国家环境保护"十二五"规划》《节能减排"十二五"规划》和《重点区域大气污染防治"十二五"规划》。

国家对该项政策进行了中期和终期两次评估考核,并认为这项政策所确定的大气污染防治工作的思路和方向是正确的,同时也得到了很好的执行与监督。在《大气污染防治行动计划》执行期间,我国能源消费结构和产业消费结构都得到了优化提升,对大气污染的重点行业和薄弱环节治理力度不断加大,加之大气环境保护法治的有力保障,整体上,大气环境治理能力稳步提升。政策的实施带来了 $PM_{2.5}$ 和 PM_{10} 浓度的明显下降。与 2013 年相比,2017 年,全国地级及以上城市 PM_{10} 浓度下降了 22.7%,京津冀、长三角、珠三角等重点地区的 $PM_{2.5}$ 浓度分别下降了 39.6%、34.3%、27.7%[①]。

5. 重点区域大气污染防治方案实施效果并不理想,多条政策中明确指出,环境质量有所改善,但成效并不稳定

京津冀、长三角等地区是我国大气污染防治工作推行的重点地区。在一系列政策措施实施后,京津冀及周边地区的 $PM_{2.5}$ 平均浓度有明显改善,但秋冬季节问题仍然严重,90%的重污染天气集中在秋冬季节。甚至在 2018—2019 年,京津冀及周边地区的 $PM_{2.5}$ 平均浓度较上一年增加了 6.5%,重污染天数增加了 36.8%。长三角地区 $PM_{2.5}$ 浓度呈现"北高南低"的空间分布特征,苏北、皖北污染较重,秋冬季节 $PM_{2.5}$ 平均浓度是其他季节的 1.6~1.8 倍。2017—2018 年秋冬季节,先后有 32 个城市出现重度污染,8 个城市出现严重污染;2018—2019 年秋冬季节,长三角地区 10 个城市并未完成 $PM_{2.5}$ 浓度下降的目标任务,多个城市 $PM_{2.5}$ 浓度出现明显反弹。地区散煤复烧、"散乱污"企业反弹、车用油品不合格、重污染天气应对不力等问题是导致重点地区大气污染问题仍然突出的主要原因[②]。

总体来看,不同时期颁布实施的大气污染防治政策均呈现一定的效果,但大气污染问题仍旧是环境治理的重中之重。政府对大气污染防治政策实施的成果和效果予以充分的肯定,各阶段的目标基本实现,全国环境空气质量有显著的改善。"十一五"规划时期是扭转局势的转折点,但仍存在一些实施效果不理想的地方,如对重点区域大气污染防治的跟踪式政策实施效果评价不高。"十二五"期间,大气污染防治工作总体效果显著,对重点区域的季节性大气污

[①] 数据来源于《大气污染防治行动计划》实施情况中期评估报告与《大气污染防治行动计划》实施情况终期考核结果。
[②] 数据来源于《京津冀及周边地区 2019—2020 年秋冬季大气污染综合治理攻坚行动方案》《长三角地区 2018—2019 年秋冬季大气污染综合治理攻坚行动方案》《长三角地区 2019—2020 年秋冬季大气污染综合治理攻坚行动方案》等文件。

染防治方案实施效果并不理想,多条政策中明确指出,环境质量有所改善,但成效并不稳定。"十三五"期间,大气污染防治工作在目标指标的落实上初见成效,但环境空气质量改善仍旧是一项艰巨的任务。

7.2 政策效应评估模型设计

7.2.1 理论假设

从数据直观上看,《大气污染防治行动计划》对京津冀、长三角和珠三角城市群的大气污染物排放约束有明显的作用。在该政策实施后的若干年中,京津冀、长三角和珠三角城市群的大气污染物排放值和浓度值有明显下降。依据对全国 $PM_{2.5}$ 浓度数据的统计,京津冀城市群三省年平均 $PM_{2.5}$ 浓度从2013年的 $65.33\mu g/m^3$ 下降到2016年的 $54.8\mu g/m^3$,减少了 16.12%;长三角城市群两省一市的年平均 $PM_{2.5}$ 浓度从2013年的 $50.2\mu g/m^3$ 下降到2016年的 $42.5\mu g/m^3$,减少了 15.34%;珠三角城市群年平均 $PM_{2.5}$ 浓度从2013年的 $28.3\mu g/m^3$ 下降到2016年的 $25\mu g/m^3$,减少了 11.66%。

同时,一些学者从多个视角对该项政策的实施效应进行了评价,认为《大气污染防治行动计划》的实施有效减少了大气污染物的排放。武卫玲等(2019)和马国霞等(2019)从过早死亡人数的减少和健康效益的增加两个方面,判断了《大气污染防治行动计划》在一定时期内具有环境健康效益。罗知等(2018)认为,我国北方地区的冬季供暖是造成大气污染程度加剧的重要因素,而《气十条》通过对相关供暖机制的调整,改善了北方地区冬季的空气质量。因此,研究提出:

理论假设 a 《大气污染防治行动计划》的实施使得大气污染物排放显著减少。

从2013—2016年的数据来看,京津冀、长三角和珠三角城市群 $PM_{2.5}$ 浓度值均呈现出逐年下降的态势。大气污染防治总体目标的实现基于逐年分期目标实现的积累。依据《大气污染防治行动计划》实施情况中期评估报告,空气质量改善成效已经显现,细颗粒物($PM_{2.5}$)浓度呈下降趋势。因此,研究提出:

理论假设 b 《大气污染防治行动计划》的实施对各时期的大气污染防治有显著效果。

7.2.2 模型构建

本书选择采用双重差分倾向得分匹配法（PSM-DID），对各类环境政策效应进行评价。选取 PSM-DID 方法的理由在于：①本书所选取的环境政策涉及多时期和多政策实施点，不属于"一刀切"和"试点"型政策，双重差分法在本书的分析中更为适用。②依据所得到的数据类型等基本情况，本书所用数据均为面板数据。纵向时间数据无法满足使用合成控制法的条件，选取其他评估方法也无法达到最理想的分析结果。③在运用面板数据进行分析过程中，双重差分法允许个体固定效应与政策实施虚拟变量交互相相关，可以部分缓解内生性。同时，经过 PSM 匹配后的双重差分估计结果更加稳健可信。④PSM-DID 模型在某种程度上弥补了 DID 选取控制组较为主观的劣势，由于中国不同省区市在经济发展、社会进步与环境污染方面具有较大的异质性，不同省份之间难以满足"时间效应一致"的条件，因此，运用 PSM 找到与处理组的各方面特征最相似的控制组，用匹配后的处理组与控制组进行双重差分估计。⑤为进一步探索政策效应的影响因素，DID 在进一步研究间接效应和多重时间效应方面更有优势，为后文利用三重差分法评估环境政策是否通过约束能源消费来影响大气污染治理打下基础。因此，本书在研究环境政策对大气污染的效应评价中采用 PSM-DID 模型。

传统的 DID 面板数据基本模型如下：

$$y_{it} = \alpha + \beta \text{Treat}_i \cdot \text{Date}_t + \gamma \text{Treat}_i + \delta \text{Date}_t + \varepsilon_{it} \quad (7-1)$$

式中，Treat_i 为研究对象的分组虚拟变量，表示处理组与控制组的差异，执行某项政策、法律法规或措施的地区列为处理组，处理组＝1，未执行某项政策、法律法规或措施的地区列为控制组，控制组＝0；Date_t 为时间分组虚拟变量，表示政策、法律法规或措施实施前后的时间效应，政策、法律法规或措施执行后的时间段＝1，政策、法律法规或措施执行前的时间段＝0；β 为交互项 $\text{Treat}_i \cdot \text{Date}_t$ 的系数，β 估计值表示处理组在政策实施后的效应。

其计算过程如下：

处理组在政策干预之前的期望值为：

$$E(y_{it} | \text{Treat}_i = 1, \text{Date}_t = 0) = \alpha + \gamma$$

处理组在政策干预之后的期望值为：
$$E(y_{it}|\text{Treat}_i=1,\text{Date}_t=1)=\alpha+\beta+\gamma+\delta$$
处理组在政策干预前后呈现的变化为：
$$E(y_{it}|\text{Treat}_i=1,\text{Date}_t=1)-E(y_{it}|\text{Treat}_i=1,\text{Date}_t=0)=\beta+\delta$$
控制组在政策干预之前的期望值为：
$$E(y_{it}|\text{Treat}_i=0,\text{Date}_t=0)=\alpha$$
控制组在政策干预之后的期望值为：
$$E(y_{it}|\text{Treat}_i=0,\text{Date}_t=1)=\alpha+\delta$$
控制组在政策干预前后呈现的变化为：
$$E(y_{it}|\text{Treat}_i=0,\text{Date}_t=1)-E(y_{it}|\text{Treat}_i=0,\text{Date}_t=0)=\delta$$
所以，将处理组与控制组政策干预前后的变化相减，可得到政策的实施效应，即 β。

依据实际情况，本书引入相应的控制变量，DID 模型的基本形式演变为加入个体固定效应和时间固定效应的面板数据模型：
$$y_{it}=\alpha+\beta\text{Treat}_i\cdot\text{Date}_t+\mu_i+\lambda_t+\varepsilon_{it} \qquad (7-2)$$

μ_i 取代 Treat_i 作为个体固定效应，引入处理组与控制组虚拟变量来实现，λ_t 取代 Date_t 作为时间固定效应，引入政策实施前后的时间虚拟变量来实现，即：
$$y_{it}=\alpha+\beta_1\text{Treat}_i\cdot\text{Date}_t+\beta_2\text{Treat}_i+\beta_3\text{Date}_t+\varepsilon_{it} \qquad (7-3)$$
式中，ε_{it} 为暂时性冲击，$\text{Treat}_i\cdot\text{Date}_t$ 不相关。

同时，选取控制变量引入式(6-3)，得到回归方程：
$$y_{it}=\alpha+\beta_1\text{Treat}_i\cdot\text{Date}_t+\beta_2\text{Treat}_i+\beta_3\text{Date}_t+\gamma X_{it}+\varepsilon_{it} \qquad (7-4)$$

为了弥补 DID 对控制组选择的主观性，研究运用 PSM 倾向匹配法消除样本选择的偏差，结合 DID 所能解决的内生性问题，更好地对大气污染防治政策效应进行评估。

根据倾向得分匹配法的估计思路，假设 y_{it} 为大气污染排放水平的结果变量，y_{it}^1 表示受到政策冲击的大气污染排放水平，y_{it}^0 表示没有受到政策冲击的大气污染排放水平。根据反事实估计的设定要求，所获得的效应值包括处理组平均处理效应（ATT）、控制组平均处理效应（ATU）和总平均处理效应（ATE），具体公式如下：
$$\begin{cases}\text{ATT}=E[(\ln y_{it}^1-\ln y_{it}^0)\mid X,\text{subside}=1]\\ \text{ATU}=E[(\ln y_{it}^1-\ln y_{it}^0)\mid X,\text{subside}=0]\\ \text{ATE}=E[(\ln y_{it}^1-\ln y_{it}^0)\mid X]\end{cases} \qquad (7-5)$$

式中，X 为影响大气污染排放水平的一系列自变量；ATT 测算的是处理组样本在大气污染防治政策实施前后大气污染排放变化的期望值；ATU 测算的是控制组样本在大气污染防治政策实施前后大气污染排放变化的期望值；ATE 测算的是在样本满足"个体处理效应稳定假设"前提下，同一样本省份在政策实施前后发生变化的期望值。

然而在式（7-5）中，$E[\ln y_{it}^1 | X, \text{subside}=0]$ 和 $E[\ln y_{it}^0 | X, \text{subside}=1]$ 两个期望均值是非事实的，并且不可观测，但是如果可以找到与受政策影响的省份相似的未受影响的省份，即可通过不受大气污染防治政策影响的省份来判断受到政策影响的省份在反事实状态下的大气污染排放水平。

通过匹配使处理组省份和控制组省份所涉及的特征变量都尽量相同，消除了除政策执行之外的其他可观测因素的差异，将众多指标合成为一个得分值，对得分值相近的省份进行匹配，采用 probit 或 logit 二元选择模型来估计各省受到政策影响概率值。

$$p(X) = \text{Pro}(\text{subside}=1 | X) = \frac{\exp(\beta X)}{1-\exp(\beta X)} \quad (7-6)$$

式中，p 表示省份受到政策影响的概率；X 为匹配变量。

对这些匹配变量进行回归，可得到每个省份是否受到大气污染防治政策影响的倾向得分，将得分相近的省份进行匹配，将筛选后的处理组与控制组进行双重差分。

依据 2013 年 9 月颁布实施的《大气污染防治行动计划》和针对京津冀、长三角及珠三角等重点地区的大气污染防治行动计划中的内容，设定被解释变量由 $PM_{2.5}$ 浓度值代表，模型具体设定见表 7-1。

在模型的构建过程中，所采用的数据需满足一些基本假定。

表 7-1 模型设定

变量	变量值	设定
$Date_t$	0	<2014
	1	≥2014
$Treat_i$	0	其余省区市（通过 PSM 进行筛选）
	1	北京、天津、河北、上海、浙江、江苏、广东 7 个省市
y_{it}		$PM_{2.5}$ 浓度值

第 7 章 区域大气污染防治政策效应评估

第一,使用双重差分法应满足处理组与控制组的平行趋势假定。将处理组与控制组的平均 $PM_{2.5}$ 浓度进行了对比(图 7 - 1)。对比发现,在《大气污染防治计划》实施之前,处理组与控制组的各年平均 $PM_{2.5}$ 浓度的变化趋势基本相同,并且,政策的实施效应发生在 2014—2016 年间,平均 $PM_{2.5}$ 浓度明显下降,但 2017 年政策实施效果有所减弱,控制组的平均 $PM_{2.5}$ 浓度因政策实施产生的变化较小。因此,对此进行平行趋势假定的检验。经过前后四期共同趋势假定的检验,从图 7 - 1 中可以看出,2013 年政策执行年之前,处理组与控制组的结果趋势相同,符合平行趋势假定,可以进行双重差分法检验政策实施的效应。同时,在政策执行之后,多期政策效应呈现一定的趋势变化,政策实施后的前三年效果逐渐明显,但到第四年政策效应有所减弱。

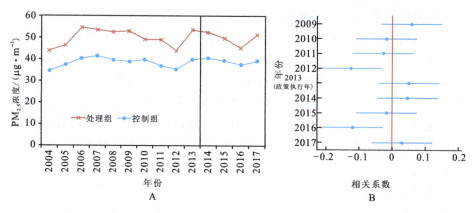

图 7 - 1 处理组与控制组 $PM_{2.5}$ 趋势(A)与平行趋势假定检验结果(B)

第二,政策实施应满足唯一性假定。《大气污染防治行动计划》是国家为提升环境空气质量,减少大气污染物排放所制定的计划总纲,自 2013 年出台后,一直成为我国大气污染防治的主要引导政策。与各城市群相关的大气污染防治政策,如京津冀、长三角等地区落实大气污染防治行动计划实施细则和秋冬季节综合治理方案等,多为《大气污染防治行动计划》的补充与延伸,对各城市群的约束多聚焦于秋冬季节的大气污染物排放。因此,《大气污染防治行动计划》基本满足政策实施的唯一性假定,且是影响地区大气污染物排放的主要政策。

第三,假定控制组不受到政策的影响。根据政策中的内容,《大气污染防治行动计划》中涉及除京津冀、长三角和珠三角等城市群以外地区的大气污染物排放约束较少,且对城市群的联防联动机制建立尤为重视。因此,假设该项政策对除京津冀、长三角、珠三角城市群外的省区市没有约束。

因此,在满足以上假定条件的基础上,采用2004—2017年全国30个省区市(西藏未统计)的面板数据,逐年评价《大气污染防治行动计划》政策实施后四年的效应。

7.2.3 变量与数据

在DID模型中,y_{it}为被解释变量,以各类大气污染物排放为代表,选取各省区市的$PM_{2.5}$浓度;核心的被解释变量为did,即$Treat_i \cdot Date_t$,$Treat_i$依据政策、法律法规或措施针对的地区而定,$Date_t$依据政策、法律法规或措施颁布实施的时间而定,该变量系数的估计结果表示双重差分的差分值。

所选的控制变量X_{it}主要包括城镇化水平、经济发展水平和环境污染治理水平等。第二产业发展水平,用各地区第二产业占全省GDP的比重来表示,一方面可以体现工业生产过程中对各类化石能源的消费是导致大气污染物排放的主要原因,另一方面可以体现各省的产业结构变化和经济发展状况。城镇化水平,以各省的城市化率表示。环境污染治理水平,以环境污染治理投资额占GDP的比重表示,主要衡量政府环境污染治理的力度对大气污染防治工作的贡献度。

本书采用2004—2017年全国30个省区市(西藏未统计)的面板数据,相关指标数据主要来源于《中国统计年鉴》《中国环境统计年鉴》《中国环境年鉴》《中国城市统计年鉴》《中国能源统计年鉴》等公开的官方统计数据。$PM_{2.5}$浓度数据来源于华盛顿大学圣路易斯分校(Washington University in St. Louis)大气成分分析组(Atmospheric Composition Analysis Group),各年各省区市的$PM_{2.5}$浓度由遥感数据解析得来,选用地理加权数据。

7.3 《大气污染防治行动计划》执行效应评估

7.3.1 基准检验

首先,运用传统DID基本模型对《大气污染防治行动计划》的政策实施效

第7章 区域大气污染防治政策效应评估

应进行评价,即选择除京、津、冀、粤、沪、苏、浙七省市外所有的省区市为控制组。表7-2展现了政策实施前后$PM_{2.5}$浓度的时间差值、组间差值,以及时间上和分组上的交互作用,其中,均值和标准差由线性回归估计得出。表中DID估计结果是《大气污染防治计划》政策实施的净影响。由表7-2可知,2014年政策效应为-0.432,不显著;2015年政策效应为-0.440,不显著;2016年政策效应为-0.465,在10%水平上显著;2017年的政策效应为-0.004,不显著。仅在实施的第三年,即2016年,《大气污染防治行动计划》在一定程度上有效降低了京津冀、长三角和珠三角城市群的年度$PM_{2.5}$浓度,提高了环境空气质量,但实施效应持续的时间有限,2017年政策效应消失。

表7-2 DID差分结果

结果变量		2014年	2015年	2016年	2017年
政策实施前	控制组	-4.538	-4.538	-4.538	-4.572
	处理组	-4.487	-4.487	-4.487	-4.374
	差值(处理组-控制组)	0.052 (0.111)	0.052 (0.111)	0.052 (0.110)	0.198 (0.118)**
政策实施后	控制组	-4.439	-4.476	-4.518	-4.597
	处理组	-4.819	-4.865	-4.931	-4.495
	差值(处理组-控制组)	-0.380 (0.377)	-0.388 (0.265)	-0.413 (0.212)*	0.102 (0.158)
DID差值		-0.432 (0.393)	-0.440 (0.127)	-0.465 (0.052)*	-0.096 (0.197)

注:$R^2=0.01$;括号内为标准误,相关系数上标星号***、**、*分别表示变量的显著性水平为1%、5%、10%。

在传统DID模型分析基础上,研究引入控制变量对《大气污染防治行动计划》的实施效果进行分析。引入的控制变量主要包括环境吸收能力、经济发展水平、城镇化水平和环境污染治理水平等。为保证估计结果的有效性,避免伪回归发生,采用同根单位根检验(HT检验)和异根单位根检验(ADF检验)对各变量进行单位根检验,结果如表7-3所示,所有序列均为平稳。

表7-3 单位根检验结果

变量	HT检验	ADF检验
ln(PM$_{2.5}$)	-0.010 3***	181.031 7***
ln(eac)	-0.029 4***	123.971 3***
ln(cit)	0.293 6***	85.086 9**
ln(ratio_gdpsec)	0.185 8***	140.720 9***
ln(ratio_inves)	0.189 2***	208.988 7***

注：***、**、*表示变量序列分别在1%、5%、10%的显著性水平上平稳。

表7-4展示了DID面板固定效应模型的OLS(ordinary least squares,普通最小二乘法)估计结果和DID随机效应模型的GLS(generalized least squares,广义最小二乘法)估计结果。由固定效应模型估计结果可知,2014年政策效应为-0.082,在10%水平下显著;2015年政策效应为-0.093,在5%水平下显著;2016年政策效应为-0.107 7,在5%水平下显著;2017年政策效果不显著。由随机效应模型估计结果可知,2014年政策效应为-0.085,在10%水平下显著;2015年政策效应为-0.093,在5%水平下显著;2016年政策效应为-0.110 7,在5%水平下显著;2017年,政策实施虽有一定效果,PM$_{2.5}$浓度有所下降,但并未通过显著性检验。总体看来,《大气污染防治行动计划》的实施在城市群中对PM$_{2.5}$浓度的降低影响显著,京津冀城市群、长三角城市群和珠三角城市群的PM$_{2.5}$浓度在2014年、2015年和2016年分别下降了8.5%、9.3%和11.07%,在2017年影响效果并不显著。

对DID固定效应模型和随机效应模型进行Hausman检验,选择固定效应模型的结果更有效。总体的模型结果显示,2014—2016年间,《大气污染防治计划》在京津冀、长三角、珠三角地区实施效果较为显著,处理组平均PM$_{2.5}$浓度有所下降。在引入控制变量后,DID检验的估计值与差分后的值存在差异,呈现2014—2016年显著,2017年不显著。控制变量中,环境吸收能力和城镇化水平是影响大气污染防治政策效应的重要因素。

表 7-4 多期 DID 模型估计结果

变量	2014 年 FEM	2014 年 REM	2015 年 FEM	2015 年 REM	2016 年 FEM	2016 年 REM	2017 年 FEM	2017 年 REM
did	−0.082* (0.048)	−0.085* (0.049)	−0.093** (0.041)	−0.093** (0.041)	−0.107 7** (0.035 9)	−0.110 7** (0.036 5)	−0.024 (0.030)	−0.019 (0.030)
date	0.065** (0.026)	0.061** (0.027)	0.040* (0.023)	0.040* (0.023)	0.015 7 (0.023 0)	0.011 5 (0.023 2)	−0.005 (0.022)	0.001 (0.022)
treat	0.097*** (0.030)	0.098*** (0.031)	0.115*** (0.030)	0.115*** (0.030)	0.114 3*** (0.027 9)	0.114 8*** (0.028 3)	0.080 (0.118)	0.180* (0.094)
ln(eac)	−0.118** (0.056)	−0.156*** (0.056)	−0.178*** (0.053)	−0.178*** (0.053)	−0.227 0*** (0.052 1)	−0.256 8*** (0.052 0)	−0.157*** (0.049)	−0.202*** (0.047)
ln(cit)	−0.211** (0.082)	−0.203** (0.083)	−0.282*** (0.083)	−0.282*** (0.083)	−0.374 4*** (0.081 2)	−0.359 8*** (0.081 4)	−0.152** (0.076)	−0.170** (0.074)
ln(ratio_gdpsec)	0.162* (0.090)	0.147 (0.091)	0.111 (0.084)	0.111 (0.084)	0.143 8** (0.076 9)	0.130 4** (0.077 5)	−0.193*** (0.069)	−0.152** (0.069)
ln(ratio_inves)	−0.018 (0.024)	−0.014 (0.024)	−0.003 (0.023)	−0.003 (0.023)	0.016 4 (0.021 7)	0.019 8 (0.022 0)	0.005 (0.020)	0.010 (0.020)
常数项	−4.514*** (0.398)	−4.539*** (0.423)	−4.131*** (0.389)	−4.131*** (0.389)	−3.973 5*** (0.369 4)	−4.019 6*** (0.392 7)	4.731*** (0.351)	4.551*** (0.353)
观测值	330	330	360	360	390	390	420	420
F 值	391.22 (0.000)	24.37 (0.001)	385.09 (0.000)	38.03 (0.000)	395.39 (0.000)	82.14 (0.000)	108.61 (0.000)	33.93 (0.000)
Hausman	23.77(0.001 3)		103.35(0.000 0)		57.27(0.000 2)		55.51(0.000 0)	

注：括号内为标准误；***、**、* 分别表示变量的显著性水平为 1%、5%、10%。

7.3.2 稳健性检验

为弥补双重差分法对控制组选择的主观性，运用倾向匹配法（PSM）消除样本选择的偏差。将处理组和控制组进行 1∶1 匹配，并且在匹配过程中全部样本均参与匹配。以 2017 年为例，均衡性检验结果见表 7-5。由表 7-5 可知，各个变量匹配后的标准偏差均小于 10%，甚至小于 5%，说明匹配变量与匹配方法是合理的。由 P 值可知，这些变量匹配前后处理组与控制组的 P 值变化较大,匹配前变量处理组与控制组有一定差别。匹配前后结果如图7-2所示。

表7-5 匹配均衡性检验结果

变量		均值		标准偏差/%	标准偏差减少幅度/%	T检验	
		处理组	控制组			t值	P值
ln(eac)	匹配前	−1.436 1	−1.360 7	−16.4		−1.34	0.182
	匹配后	−1.436 1	−1.446 2	2.2	86.6	0.15	0.883
ln(cit)	匹配前	3.972 8	3.891 4	32.3		2.62	0.009
	匹配后	3.972 8	3.978 7	−2.3	92.8	−0.15	0.880
ln(ratio_gdpsec)	匹配前	3.752 8	3.861 3	−46.2		−4.62	0.000
	匹配后	3.752 8	3.753 2	−0.1	99.7	−0.01	0.994
ln(ratio_inves)	匹配前	0.150 03	0.210 45	−14.1		−1.13	0.258
	匹配后	0.150 03	0.163 11	−3.1	78.3	−0.20	0.839

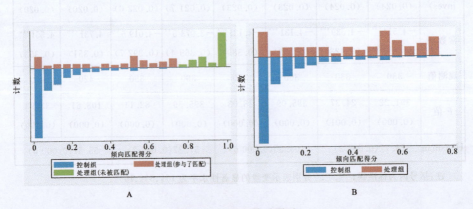

图7-2 匹配前后图示
A. 全样本匹配图;B. 删除了不在共同取值范围内的样本(即未被匹配的样本)的匹配图

在经过PSM筛选控制组匹配之后,去掉不满足共同区域假定的观测值,并进行DID估计,得到PSM-DID模型结果,见表7-6。经过匹配之后,2014年参与回归的观测值有323个,2015年有360个,2016年有390个,2017年有380个。经过前文对固定效应模型和随机效应模型的选择,此处选

第 7 章 区域大气污染防治政策效应评估

用固定效应模型来估计《大气污染防治行动计划》逐年的实施效果。经过倾向匹配后的双重差分估计结果与普通双重差分法估计结果基本一致,且较普通双重差分法的估计值更精确。由表 7-6 可知,2014 年政策效应为-0.082,在 10%水平下显著;2015 年政策效应为-0.093,在 5%水平下显著;2016 年,政策效应为-0.108,在 1%水平下显著;2017 年政策效应为-0.033,不显著。因此,《大气污染防治行动计划》的实施使得京津冀、长三角和珠三角城市群的大气污染物排放显著减少,并且,该项政策的实施在 2014 年、2015 年和 2016 年对京津冀、长三角和珠三角城市群的大气污染防治有显著效果。

表 7-6 PSM-DID 固定效应模型多期估计结果

变量	2014 年	2015 年	2016 年	2017 年
did	-0.082*	-0.093 0**	-0.108***	-0.033
	(0.045)	(0.041)	(0.036)	(0.038)
date	0.057**	0.039 9*	0.016	-0.007
	(0.027)	(0.023)	(0.023)	(0.023)
treat	0.102***	0.114 7***	0.114***	0.076
	(0.031)	(0.030)	(0.028)	(0.120)
ln(eac)	-0.103**	-0.177 6***	-0.227***	-0.134**
	(0.056)	(0.053)	(0.052)	(0.056)
ln(cit)	-0.184**	-0.282 3***	-0.374***	-0.136*
	(0.083)	(0.083)	(0.081)	(0.080)
ln(ratio_gdpsec)	0.110	0.110 7	0.144*	-0.201**
	(0.095)	(0.084)	(0.077)	(0.079)
ln(ratio_inves)	-0.022	-0.002 9	0.016	-0.005
	(0.405)	(0.023)	(0.022)	(0.022)
常数项	-4.418***	-4.130 8***	-3.973***	4.701***
	(0.405)	(0.389)	(0.369)	(0.379)
F 值	391.30	385.09	11.590	3.142
Prob>F 值	0.000 0	0.000 0	0.000 0	0.000 0
观测值	323	360	390	380

注:括号内为标准误;***、**、* 分别表示变量的显著性水平为 1%、5%、10%。

总体来看,大气污染防治政策在实施后对大气污染物浓度的降低有显著的影响,但政策发挥作用的时间有限。2014—2016年是《大气污染防治行动计划》在京津冀城市群、长三角城市群和珠三角城市群的实施有显著成效的几年,但影响时间有限,在2017年实施效果不显著,$PM_{2.5}$浓度有所增加。同时,从2014年至2016年,政策实施的效果是逐渐增加的。图7-3表示PSM-DID模型估计的《大气污染防治行动计划》政策效应的变化。为了保证大气污染防治政策的持续有效,即时依据环境变化和经济社会发展情况调整政策的实施力度和实施方式是很有必要的,对区域性大气污染防治政策实施效应可以采取跟踪评估的方式,逐年对政策进行工作任务的细化与目标调整。

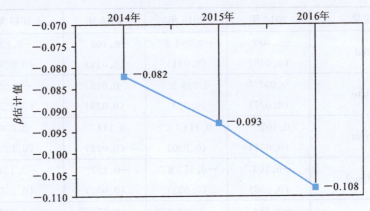

图7-3 《大气污染防治行动计划》2014—2016年政策效应变化

7.3.3 拓展性检验

为理解《大气污染防治行动计划》实施对除$PM_{2.5}$外的大气污染物排放的影响,分析环境吸收能力在其中体现的作用,本书选取二氧化硫排放量和工业烟粉尘排放量为被解释变量,进一步探讨评估大气污染防治政策实施效应。

表7-7展示了回归结果。结果表明,大气污染防治政策的实施对二氧化硫排放有积极效应,且在政策实施后的2014—2017年间,效应均显著,且影响程度不断增加。然而,大气污染防治行动政策对工业烟粉尘的防治并未起到理想的作用。

第7章 区域大气污染防治政策效应评估

表7-7 二氧化硫与工业烟粉尘防治效应

变量	SO$_2$		工业烟粉尘	
did	−0.316*** (0.054)		−0.002 (0.066)	
did2014		−0.200** (0.087)		0.003 (0.109)
did2015		−0.203** (0.088)		−0.115 (0.110)
did2016		−0.307*** (0.089)		0.108 (0.112)
did2017		−0.577*** (0.089)		0.002 (0.112)
ln(eac)	−0.114 (0.091)	−0.133 (0.090)	0.058 (0.113)	0.056 (0.113)
ln(cit)	0.466* (0.248)	0.399 (0.245)	−0.435 (0.307)	−0.425 (0.308)
ln(ratio_gdpsec)	0.022 (0.138)	0.052 (0.136)	−0.554*** (0.171)	−0.557*** (0.171)
ln(ratio_inves)	0.104*** (0.036)	0.096*** (0.035)	0.072 (0.044)	0.073* (0.044)
常数项	2.032** (0.856)	2.142** (0.845)	7.699*** (1.059)	7.672*** (1.061)
时间固定效应	是	是	是	是
观测值	420	420	420	420
R^2	0.773	0.781	0.536	0.539
F检验	161.87 (0.000)	166.48 (0.000)	99.62 (0.000)	99.46 (0.000)

注：括号内为标准误；***、**、*分别表示变量的显著性水平为1%、5%、10%。

7.3.4 安慰剂检验

以上的假设检验并不足以完全证明《大气污染防治行动计划》的实施对 $PM_{2.5}$ 的治理作用,因此,本书采用安慰剂检验来进一步证实假设检验的稳定性。选取政策实施之前的年份(2009—2013年),与 did 变量构建新的交叉项,来检验 2013 年之前的年份是否因政策未实施而使得大气污染问题严重,所得结果如表 7-8 所示。表 7-8 显示,政策实施前仅有个别年份实现了 $PM_{2.5}$ 浓度、二氧化硫排放和工业烟粉尘排放的减少,且交叉项的相关系数多呈现为不显著,这进一步验证了模型结果的稳健性。

表 7-8 安慰剂检验结果

变量	$PM_{2.5}$	SO_2	工业烟粉尘
did2009	0.060 (0.048)	0.208* (0.114)	−0.235** (0.110)
did2010	−0.051 (0.049)	0.153 (0.114)	−0.227** (0.111)
did2011	−0.080* (0.049)	0.129 (0.114)	−0.117 (0.110)
did2012	−0.169*** (0.048)	0.176 (0.114)	−0.197* (0.110)
did2013	−0.018 (0.049)	0.120 (0.114)	−0.115 (0.110)
ln(eac)	−0.176*** (0.053)	−0.321** (0.125)	0.013 (0.121)
ln(cit)	−0.286*** (0.057)	−1.594*** (0.134)	−1.756*** (0.130)
ln(ratio_gdpsec)	0.057 (0.062)	1.528*** (0.145)	−0.305** (0.140)

续表 7-8

变量	$PM_{2.5}$	SO_2	工业烟粉尘
ln(ratio_inves)	0.014	0.250***	0.131***
	(0.022)	(0.051)	(0.049)
常数项	-3.880***	3.826***	11.472***
	(0.364)	(0.855)	(0.826)
观测值	420	420	420
R^2	0.130	0.480	0.352
F 检验	389.5	67.38	79.79
	(0.000)	(0.000)	(0.000)

注：括号内为标准误；***、**、* 分别表示变量的显著性水平为 1%、5%、10%。

7.3.5 环境吸收能力作用机制检验

表 7-9 展示了环境吸收能力在政策效应中的作用。其中(1)~(3)列表示的结果为混合 OLS 回归模型，(4)~(6)列为固定效应模型，(7)~(9)列为双向固定效应模型。

模型(9)为带入了环境吸收能力因素的政策效应评估，政策实施效果显著，交叉项回归系数为 -0.085，在 1% 水平下显著，且环境吸收能力的增加带来了大气污染物浓度的显著降低。与模型(8)相比较，环境吸收能力因素在一定程度上消耗了政策效应的功劳，政策效应的绝对值因环境吸收能力因素的引入而有所减小。其原因在于，环境吸收能力本身作用于大气污染物排放环节与治理环节之间，在大气污染物治理效果维持在一定水平的情况下，环境吸收能力对大气污染物的作用越显著，由政策所带来的污染物治理效应会相对减少。总而言之，大气污染物的治理效果仍然显著，依靠环境本身净化吸收和政策实施的共同作用，大气污染物治理效果更加显著。

图 7-4 展示了各解释变量对 $PM_{2.5}$ 浓度影响的偏相关性。由图 7-4 可以看出，在控制了其他变量的情况下，环境对 $PM_{2.5}$ 的吸收能力显著，并对政策实施有推动作用。

表 7-9 环境吸收能力在政策效应中的作用

变量	(1)	(2)	(3)	(4)	(5)	(6)	(7)	(8)	(9)
	混合 OLS 回归			固定效应模型			双固定效应模型		
did	−0.206 (−1.53)	0.460*** (4.22)	0.274*** (2.98)	−0.124*** (−4.42)	−0.068** (−2.07)	−0.059* (−1.81)	−0.075*** (−2.86)	−0.095*** (0.001)	−0.085*** (−2.96)
ln(eac)	−0.976*** (−13.74)		−0.656*** (−13.49)	−0.122** (−2.28)		−0.173*** (−3.30)	−0.175*** (−3.64)		−0.151*** (−3.19)
ln(cit)		1.939*** (16.22)	1.330*** (12.16)		−0.105 (−0.76)	−0.085 (−0.63)		−0.107 (0.408)	−0.110 (−0.86)
ln(is)		0.684*** (15.14)	0.521*** (13.17)		0.087** (2.48)	0.101*** (2.90)		0.361*** (0.000)	0.341*** (4.89)
ln(cons_coal)		−0.764*** (−23.07)	−0.709*** (−25.38)		0.041 (1.10)	0.036 (0.99)		−0.267*** (0.000)	−0.235*** (−3.18)
ln(ratio_gdpsec)		0.450*** (3.02)	0.695*** (5.53)		−0.094 (−1.39)	−0.083 (−1.24)		0.027 (0.732)	0.039 (0.50)
ln(str_coal)		0.331*** (4.91)	0.162*** (2.82)		−0.035 (−1.02)	−0.050 (−1.46)		−0.025 (−0.88)	−0.038 (−1.35)
常数项	−5.875*** (−57.21)	−8.187*** (−12.26)	−7.476*** (−13.36)	−4.703*** (−63.62)	−3.981*** (−9.49)	−4.238*** (−10.05)	−4.843*** (−70.92)	−2.033*** (−3.56)	−2.488*** (−4.27)
时间固定效应							是	是	是

续表 7-9

变量	(1)	(2)	(3)	(4)	(5)	(6)	(7)	(8)	(9)
	混合 OLS 回归			固定效应模型			双固定效应模型		
Hausman 检验				22.18 (0.000)	192.41 (0.000)	183.77 (0.000)			
F 检验 (P 值)	94.440 (0.000)	126.005 (0.000)	181.316 (0.000)	12.577 (0.000)	8.948 (0.000)	9.421 (0.000)	15.670 (0.000)	14.576 (0.000)	14.701 (0.000)
R^2	0.312	0.647	0.755	0.061	0.123	0.147	0.385	0.427	0.443
观测值	420	420	420	420	420	420	420	420	420

注：括号内为 t 值；***表示变量的显著性水平为 1%。

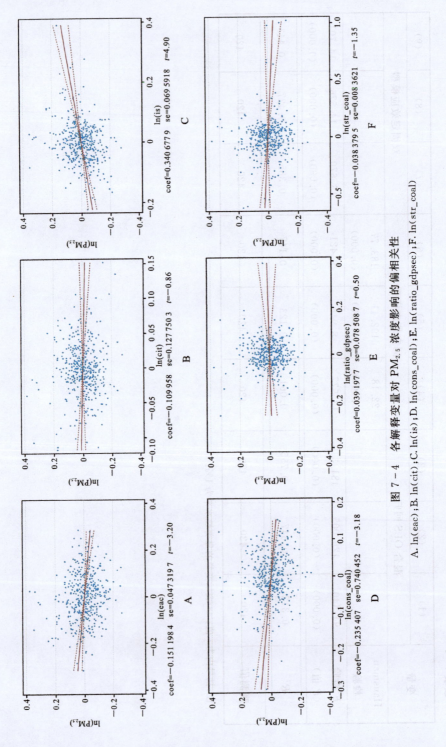

图7-4 各解释变量对 $PM_{2.5}$ 浓度影响的偏相关性

A. ln(eac); B. ln(cit); C. ln(is); D. ln(cons_coal); E. ln(ratio_gdpsec); F. ln(str_coal)

第7章 区域大气污染防治政策效应评估

7.4 区域性生态环境保护政策效应评估：以长江经济带为例

7.4.1 《长江经济带发展规划纲要》与大气污染治理

应对重点地区大气污染出台的区域性大气污染防治政策多年来主要包括对京津冀及周边地区、长三角及周边地区、珠三角及周边地区、汾渭平原等地区的控制。随着"长江经济带"概念的提出，2017年7月17日印发的《长江经济带生态环境保护规划》也成为当下区域性生态环境保护政策的代表。它提出："到2020年，长江经济带城市空气质量优良天数比例大于84%，$PM_{2.5}$未达标的城市浓度较2015年下降18.2%，二氧化硫、氮氧化物排放总量较2015年分别减少15%、16.2%。到2030年，空气质量全面改善。"

因数据的限制，本书选用《长江经济带生态环境保护规划》的上位政策《长江经济带发展规划纲要》作为区域性大气污染防治政策的代表。《长江经济带发展规划纲要》于2016年3月颁布，涉及上海、江苏、浙江、安徽、江西、湖北、湖南、重庆、四川、云南、贵州11个省市，对各类大气污染物的排放均有限制。依据该项政策实施的时间和范围，模型的具体设定如下。

(1)《长江经济带发展规划纲要》于2016年3月颁布实施，因此，当反映时间效果的变量 $Date_t$ 大于或等于2017时，取值1；小于2017时，取值0。由于政策实施期较短，选取的政策实施前的时间段较短。

(2)处理组涉及11个省市，包括上海、江苏、浙江、安徽、江西、湖北、湖南、重庆、四川、云南、贵州，$Treat_i$ 取值为1。其余省区市暂归于控制组，$Treat_i$ 取值为0。之后通过PSM倾向匹配得分对控制组进行筛选。

(3)被解释变量 y_{it} 用 $PM_{2.5}$ 浓度、二氧化硫排放量、烟粉尘排放量分别表示。控制变量包括环境吸收能力、城镇化水平、第二产业占GDP的比重和环境污染治理投资占GDP的比重。

为满足双重差分法的共同趋势假定，本书将处理组与控制组的平均二氧化硫排放量、平均工业烟粉尘排放量和平均 $PM_{2.5}$ 浓度进行了对比(图7-5~图7-7)。

图7-5 2011—2017年处理组与控制组二氧化硫排放量共同趋势

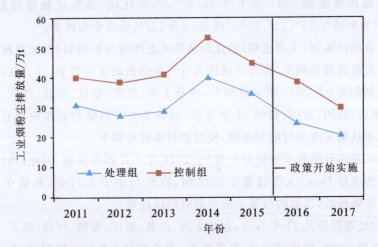

图7-6 2011—2017年处理组与控制组工业烟粉尘排放量共同趋势

从图7-5～图7-7可以发现,在《长江经济带发展规划纲要》实施之前,2011—2017年处理组与控制组二氧化硫排放量、工业烟粉尘排放量、$PM_{2.5}$浓度的变化趋势基本相同,符合共同趋势假定。然而,从2016年之后的大气污染物排放值和浓度值来看,《长江经济带发展规划纲要》暂时仅在二氧化硫排放的控制上有些效果。2016—2017年,长江经济带各省平均二氧化硫排放量明显降低,与控制组呈现差异。

第 7 章 区域大气污染防治政策效应评估

图 7-7 2011—2017 年处理组与控制组平均 $PM_{2.5}$ 浓度共同趋势

因此,在满足以上假定条件的基础上,研究采用 2016—2017 年全国 30 个省区市(西藏未统计)的面板数据来评估《长江经济带发展规划纲要》实施对二氧化硫排放控制的效果,选取人均二氧化硫排放量作为解释变量的代表指标。

7.4.2 区域环境政策效应评估结果

首先,运用传统 DID 的基本模型对《长江经济带发展规划纲要》的政策实施效应进行评价,即选择除上海、江苏、浙江、安徽、江西、湖北、湖南、重庆、四川、云南、贵州 11 个省市外所有的省区市为控制组,所得估计结果如表 7-10 所示。

表 7-10 DID 基本模型估计结果

变量		$\ln(p_{SO_2})$	标准误	t 值	$p>|t|$
政策实施前	控制组	−4.820			
	处理组	−5.045			
	差值(处理组−控制组)	−0.224	0.309	−0.73	0.470
政策实施后	控制组	−5.047			
	处理组	−5.400			
	差值(处理组−控制组)	−0.353	0.309	1.14	0.258
DID 差值		−0.128	0.436	0.29	0.770

注:$R^2=0.06$;p_{SO_2} 指人均 SO_2 排放量。

表 7-10 展现了《长江经济带发展规划纲要》实施前后人均 SO_2 排放量的时间差值、组间差值,以及时间上和分组上的交互作用,其中均值和标准差由线性回归估计得出。双重差分估计结果是《长江经济带发展规划纲要》政策实施的净影响,为 -0.128,在统计上不显著。这说明从传统 DID 差分结果来看,《长江经济带发展规划纲要》实施对 SO_2 排放减少的贡献不明显。

表 7-11 是引入控制变量后的传统 DID 模型的估计结果。由表 7-11 可以看出,固定效应模型双重差分系数在 1‰ 显著性水平下显著,随机效应模型则不显著。在此基础上,本书对传统 DID 固定效应模型和随机效应模型进行 Hausman 检验,发现 Hausman 检验的结果 Prob>chi2=0.000 0,拒绝原假设,即拒绝"固定效应模型和随机效应模型所估计的系数都是一致的,且随机效应估计的系数是最有效估计"。因此,选择固定效应模型的结果更为有效。总体的模型结果显示,2016—2017 年间,《长江经济带发展规划纲要》在长江经济带实施效果较为显著,处理组二氧化硫排放量有所下降。

表 7-11 DID 模型估计结果

变量	FEM		REM	
	相关系数	标准误	相关系数	标准误
did	-0.165 5*	0.089 9	-0.116 4	0.093 7
date	-0.416 9***	0.092 7	-0.178 7***	0.058 7
treat	-0.608 2	0.264 3	-0.291 5	0.272 0
ln(eac)	0.196 6	0.422 4	-0.131 9	0.238 1
ln(cit)	0.913 5**	0.397 8	-1.241 9*	0.756 6
ln(ratio_gdpsec)	-0.724 8	0.770 8	-0.805 1*	0.487 4
ln(ratio_inves)	0.046 1	0.142 5	0.281 4**	0.130 5
常数项	-39.015 1**	16.413 5	-2.606 5**	0.958 3
观测值	60		60	
F 值/Wald 值	26.54		54.86	
Prob>F 值/Prob>Wald 值	0.000 0		0.000 0	
Hausman(P)	0.000 0			

注:固定效应模型(FEM)提供 F 值,随机效应模型(REM)提供 Wald 值;***、**、* 分别表示变量的显著性水平为 1%、5%、10%。

第7章 区域大气污染防治政策效应评估

在控制变量中,城镇化水平的变化对人均二氧化硫排放量的影响效果在5%水平下显著,城镇化水平每提升1%,人均二氧化硫排放量增加0.9135%,在大气污染防治过程中,起到了反向的作用。环境对大气污染物的吸收能力、第二产业占GDP的比重和环境污染治理投资占GDP的比重等指标的回归结果均不显著,很大程度上取决于三者对大气污染防治的作用更多体现为长期的效应,而非短期的改善。

为弥补双重差分法对控制组选择的主观性,本书运用PSM消除样本选择的偏差。本书将处理组和控制组进行1∶1匹配,并且在匹配过程中全部样本均参与匹配,均衡性检验结果见表7-12。由表7-12可得,各个变量匹配后t值都不显著异于零,在处理组与控制组之间是均衡的。由P值可知,这些变量匹配前后处理组与控制组的P值变化较大,匹配前变量处理组与控制组有一定差别。PSM匹配结果以及消除不满足共同区域假定的观测值后的匹配结果如图7-8所示。

表7-12 匹配均衡性检验结果

变量		均值		标准偏差/%	t检验		$V(t)/V(C)$
		处理组	控制组		t值	$p>\|t\|$	
ln(eac)	匹配前	−1.194	−1.4862	68.3	2.38	0.021	0.30
	匹配后	−1.194	−1.1186	−17.6	−0.75	0.457	0.61
ln(cit)	匹配前	4.0555	4.0747	−10.6	−0.40	0.689	1.33
	匹配后	4.0555	4.0415	7.7	0.30	0.762	4.02
ln(ratio_gdpsec)	匹配前	3.7327	3.6727	28.7	0.99	0.327	0.23
	匹配后	3.7327	3.7131	9.4	0.33	0.744	0.27
ln(ratio_inves)	匹配前	0.0435	0.2196	−32.9	−1.15	0.255	0.32
	匹配后	0.0434	0.2334	−35.5	1.37	0.177	0.50

经过PSM筛选控制组匹配之后,去掉不满足共同区域假定的观测值,并进行DID估计,得到PSM-DID模型结果,见表7-13。经过匹配之后,DID政策实施效果在1%水平显著,系数为−0.2215,《长江经济带发展规划纲要》的实施对降低二氧化硫排放量有效。在政策效应的评价中,城镇化水平对二氧化硫排放量的影响在5%水平下显著,城镇化水平每提升1%,二氧化硫排

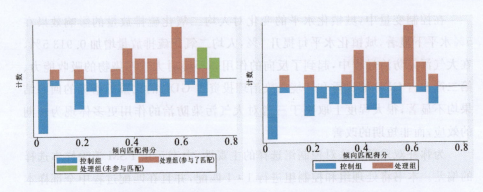

图 7-8　PSM 匹配结果图示(左)与消除不满足共同区域假定的观测值后的匹配结果(右)

放量提升 0.981 8%；而环境吸收能力、第二产业占 GDP 比重、环境污染投资占 GDP 比重对二氧化硫排放的影响不显著。但在长期的大气污染防治工作中，环境对大气污染物的吸收能力、政府对环境污染治理投资等因素能发挥更大的效果。

表 7-13　PSM-DID 固定效应模型估计结果

变量	相关系数	标准误	p 值
did	−0.221 5**	0.103 3	0.044
date	−0.430 0***	0.097 1	0.000
treat	−0.232 6	0.283 3	0.412
ln(eac)	0.141 9	0.456 8	0.759
ln(cit)	0.981 8**	0.420 0	0.029
ln(ratio_gdpsec)	−0.736 5	0.806 0	0.371
ln(ratio_inves)	0.023 7	0.158 8	0.883
常数项	−41.794 6**	17.354 3	0.025
F 值		24.10(0.000 0)	

注：***、**分别表示变量的显著性水平为 1%、5%。

由区域性大气污染防治政策的效应评估可以知道，区域性生态环境保护政策在实施后对大气污染物浓度的降低有显著的影响，但因《长江经济带发展规划纲要》发布时间较新，所讨论的政策效应局限于时间因素。尽管政策实施效果较为明显，但多个代表社会经济环境现状的控制变量并不显著，未来政策

第7章 区域大气污染防治政策效应评估

实施的过程中,这些控制变量对大气污染物排放的影响将逐渐增大。因此,对区域性大气污染防治政策实施效应可以采取跟踪评估的方式,逐年对政策进行工作任务的细化与目标调整。

第8章 大气污染防治政策效应的影响机制

大气污染防治政策实施使得大气污染问题得到了明显缓解,但仍存在效果不稳定、不持续的现象。我国大气环境质量没有得到根本改善,大气污染防治政策的执行存在不到位的情况。那么,究竟是哪些因素影响了大气污染防治政策效应?政策实施过程中的社会经济发展等背景是否对政策执行效果有所作用?大气污染防治政策效应是否与约束能源消费总量、提升能源消费强度、优化能源消费结构相关?这些问题值得进一步地了解和思考。

本章对 DID 模型进行延伸,构建了衡量能源消费因素影响机制和社会经济因素影响机制的模型,从大气污染防治政策中对能源消费总量的约束、能源消费强度的要求和能源消费结构的规制三个方面,以及依据环境驱动模型提供的社会经济因素,探讨了大气污染防治政策效应的影响机制,旨在为完善大气污染源治理措施贡献有力建议,为大气污染防治政策优化提供有力依据。

8.1 能源消费因素影响机制分析

8.1.1 环境政策中的能源消费约束

"扬汤止沸"不如"釜底抽薪"。对大气污染物排放源头进行约束是大气污染防治的根本,是切实改善环境质量,推进资源节约型、环境友好型社会建设的重中之重。

现阶段,环境政策中对能源消费的约束也十分常见。《大气污染防治行动计划》中能源消费方面的约束涉及其中的五条,体现在能源消费总量、清洁生产技术和能源消费结构等多个方面,可见控制大气污染源的必要性。

一是对能源消费量的约束。《国民经济和社会发展第十二个五年规划的

第8章 大气污染防治政策效应的影响机制

建议》提出要合理控制能源消费的总量。2012年,我国在京津冀、长三角、珠三角三个地区,以及辽宁中部城市群、山东半岛城市群、武汉城市群、长株潭城市群、成渝城市群、海峡西岸城市群实施"三区六群"区域性的煤炭消费总量控制试点。所涉及的区域均是煤炭消费量较高的区域,是大气污染防治的重点地区。《大气污染防治行动计划》要求严格控制高能耗行业新增产能,对京津冀、长三角和珠三角城市群煤炭消费量也提出明确的"负增长"要求。

图8-1阐述了中国2002—2017年能源消费总量变化及其增速,以及工业能源消费在其中的比重。2002—2017年,中国能源消费总量逐年增加,由2002年的169 577万t标准煤增长到2017年的448 529万t标准煤。如图8-1中的虚线所示,2010年后,能源消费总量增速逐年下降,由2003年、2004年大于16%的增长幅度,降至2015年增长不足1%,2016年、2017年能源消费总量有所回升。与此同时,2010年后,工业能源消费比重逐年下降。2010年,工业能源消费总量占能源消费总量的72.47%,而2017年占65.66%,下降了近7个百分点。2010年处于"十一五"规划的末期和"十二五"规划的开端,基于"十一五"时期多项环境政策做出的贡献,自"十二五"规划开始,我国经济社会发展步入稳步发展的阶段,能源消费总量的增速减缓和工业能源消费比重的下降是很好的体现。

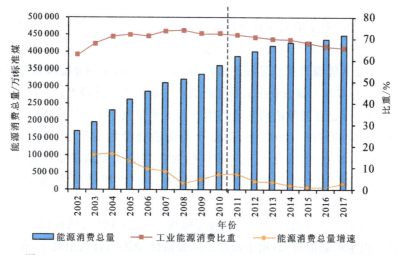

图8-1 2002—2017年中国能源消费总量及增速、工业能源消费比重

工业能源消费量在能源消费总量中的占比高达60%,能源消费总量增幅的减少与工业能源消费量增长的减少密切相关。工业能源消费总量由采掘业、制造业、电力、燃气及水生产和供应业三个主要部分组成。图8-2描述了2002—2017年工业能源消费分行业的结构变化。

图8-2　工业采掘业、制造业和电力、燃气及水生产和供应业能源消费

工业能源消费量的减少和增加幅度的减缓主要来源于采掘业和制造业能源消费量的减少。采掘业自2012年起,开采辅助活动产生了一部分能源消费量,但采掘业的能源消费总量在逐渐减少,至2017年,采掘业能源消费总量为17 680万t标准煤。制造业在工业能源消费中所占的比重最大,一直在80%以上。2012年,制造业能源消费总量的增长幅度明显变小。2015年和2016年甚至出现了减少的情况。2017年,制造业能源消费量为245 140万t标准煤。2012年之后,电力、燃气及水生产和供应业各年的能源消费量变化不大,在2014年有所减少。2017年,电力、燃气及水生产和供应业能源消费量31 668万t标准煤。

二是对能源消费强度的要求。能源强度(单位GDP能耗)由能源消费总量除以国内生产总值得来,用于衡量不同经济体能源综合利用效率,在一定程度上反映了地区的能源消费技术水平。在清洁生产推动过程中,与能源消耗相关的清洁生产技术水平的提升对大气污染物排放的减少会起到重要的作用。《大气污染防治行动计划》中对能源消费强度的约束主要体现在提升燃油

第8章 大气污染防治政策效应的影响机制

品质,建设重点行业的脱硫、脱硝、除尘改造工程,重大环保技术装备的开发使用等方面。

图8-3描述了2002—2017年我国单位GDP能源消费总量和各项能源消费强度的变化趋势。从2005年开始,我国能源消费强度不断下降,由1.63万t标准煤/万元下降到2017年的0.57万t标准煤/万元。其中贡献最大的为煤炭能源强度的变化,其变化趋势基本与总能源强度相吻合,从2005年的1.52t/万元到2017年的0.49t/万元;焦炭、石油、原油、燃料油、电力能源消费强度下降幅度很小。从2011年起,能源强度的变化呈现一个新的阶段,下降趋势较2011年前平稳持续。总之,能源强度的下降得益于生产效率的提升、产业发展、清洁能源开发利用等因素。

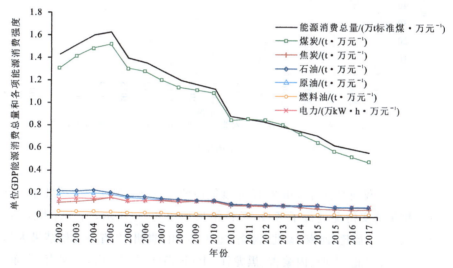

图8-3 我国单位GDP能源消费总量和各项能源消费强度

三是对能源消费结构的约束。能源消费总量由煤炭、石油、天然气、一次电力(水电、核电)和其他能源消费量共同构成。近年来,清洁能源消费在一次能源消费中的总量和占比逐渐提高,但煤炭消费在我国一次能源消费结构中仍占极大的比重。由于缺乏科学的管理和规划,我国煤炭能源的消费在很长一段时间处于高强度、低效率的状态,对环境造成了极大的危害。我国对能源消费结构的优化要求主要表现在提升清洁能源占一次能源消费的比重,在此过程中,煤炭逐渐被天然气、水电、核能等清洁能源替代。《大气污染防治行动计划》中明确要求加快能源消费结构的调整,与此同时加强清洁能源的供应。

图 8-4 呈现了我国能源消费结构的变化趋势。在能源消费结构中,煤炭所占比重一直居于各类能源之首。2011 年后,煤炭在能源消费结构中的比重逐渐降低,天然气消费、水电和其他能源等清洁能源消费逐步替代了煤炭的位置,同时,石油消费的比重变化不大。

图 8-4　2002—2017 年中国能源消费结构变化

2017 年,我国对各省区市 2017 年度能源消费总量和强度"双控"目标完成情况和措施落实情况进行了考核,考核结果如图 8-5 所示。北京、天津、吉林、江苏、安徽、福建、河南、湖北、海南、重庆、四川、贵州 12 省市考核结果为超额完成等级;河北、山西、内蒙古、黑龙江、上海、浙江、江西、山东、湖南、广东、广西、云南、西藏、陕西、甘肃、青海 16 省区市考核结果为完成等级;辽宁、宁夏、新疆 3 省区考核结果为未完成等级。各省区市对能源消费总量和能源强度的控制力度不同,政策约束在各省区市的实施效果也不同。

由以上对全国能源消费总量、能源消费结构、工业能源消费、能源消费强度的分析可得出,我国能源消费趋势变化呈现明显的"两段式"。在 2012 年之前,能源消费总量逐年快速增长,工业能源消费量占比高居不下,煤炭在能源消费中的比重高居首位且波动提升。在 2012 年之后,能源消费总量增速放缓,工业能源消费在能源消费中的比重逐年降低,煤炭在能源消费中的比重也逐年下降,清洁能源的比重逐渐增加。"十二五"规划中相关节能政策对能源

第 8 章 大气污染防治政策效应的影响机制

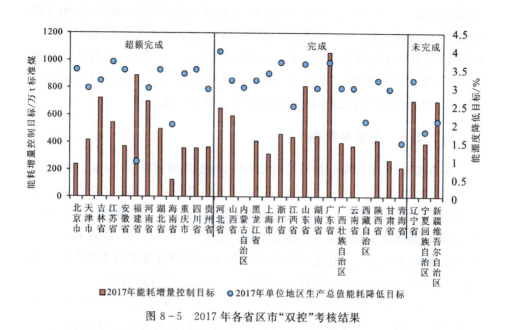

图 8-5 2017 年各省区市"双控"考核结果

消费的各项约束有明显的实施效果。与此同时,各省在能源消费总量和能源强度控制方面仍呈现出差异性,政策在各地区实施的效果不尽相同。

8.1.2 分析方法、变量与数据

8.1.2.1 模型构建

在传统 DID 模型的基础上,为探索大气污染防治政策是否通过约束能源消费总量、提升能源消费强度约束了大气污染物的排放,我们在模型中引入了新的交互项 $Treat_i \cdot Date_t \cdot E_{it}$,即将能源消费变量与政策效应交互项交叉相乘,并将代表能源消费的变量代入模型,这样能够识别能源消费在其中的影响机制。回归模型表达式为:

$$y_{it} = \alpha + \beta Treat_i \cdot Date_t \cdot E_{it} + \gamma Treat_i \cdot Date_t + \delta E_{it} + \varphi X_{it} + \mu_i + \lambda_t + \varepsilon_{it}$$
(8-1)

式中,y_{it} 表示二氧化硫排放量、$PM_{2.5}$ 浓度和工业烟粉尘排放量三种大气污染物;E_{it} 表示与能源消费相关的变量,主要包括能源消费量、能源消费强度、能源消费结构;Treat$_i$·Date$_t$·E_{it}代表E_{it}在政策实施中所起到的作用,由β值的显著性来判断;X_{it}为模型相关控制变量,主要包括城市化水平、第二产业占GDP的比重和环境污染治理投资占GDP的比重;μ_i取代Treat$_i$作为个体固定效应,通过引入处理组与控制组虚拟变量来实现;λ_t取代Date$_t$作为时间固定效应,通过引入政策实施前后的时间虚拟变量来实现。

8.1.2.2 变量与数据

本章选取《大气污染防治行动计划》作为模型的研究对象,Treat$_i$和Date$_t$的具体取值如表7-1所示。煤炭、石油、天然气等化石燃料是工业化进程中人类活动所需的主要能源来源,过量的化石燃料消费,特别是煤炭和石油的消耗,会带来超环境负荷的大气污染物排放。张伟等(2011)认为,我国70%的二氧化碳排放、90%的二氧化硫排放和67%的氮氧化物排放来源于化石燃料燃烧。由于《大气污染防治行动计划》中对能源消费所进行的约束,为深入探索能源消费在大气污染防治政策中的作用,本书选取煤炭和石油的消费量、消费强度、消费结构来代表能源消费因素,分别考察它们在大气污染防治过程中是否起到辅助作用,增加了政策的实施效应,具体如表8-1所示。

表8-1 能源消费因素的变量选择

能源消费因素	变量选择
能源消费量	煤炭消费量、焦炭消费量、柴油消费量、燃料油消费量
能源消费强度	煤炭消费强度、焦炭消费强度、柴油消费强度、燃料油消费强度
能源消费结构	煤炭消费结构、天然气消费结构("煤改气")

为了避免伪回归发生,保证估计结果的有效性,研究运用同根检验(HT检验)和异根检验(Hadri检验和ADF检验)对各变量进行单位根检验,检验结果见表8-2。由结果可知,主要变量均通过了单位根检验,所有序列均为平稳。

第 8 章　大气污染防治政策效应的影响机制

表 8-2　主要变量面板单位根检验结果

变量		HT 检验	Hadri 检验	ADF 检验
被解释变量	$\ln(PM_{2.5})$	−0.003 3***	2.866 8***	175.771 3***
	$\ln(dust)$	0.234 2***	4.940 1***	98.429 8***
	$\ln(so2)$	0.237 5***	7.445 4***	130.845 0***
能源消费量变量	$\ln(cons\_coal)$	0.402 0*	10.628 5***	75.803 1*
	$\ln(cons\_coke)$	0.540 3*	7.454 7***	80.168 0*
	$\ln(cons\_dies)$	0.429 7*	11.136 4***	122.763 6***
	$\ln(cons\_foil)$	0.372 5***	6.625 7***	117.264 2***
能源消费强度变量	$\ln(ten\_coal)$	0.613 7*	13.990 5***	76.407 8*
	$\ln(ten\_coke)$	0.115 1***	8.116 3***	78.148 9*
	$\ln(ten\_dies)$	0.341 5***	7.740 7***	106.068 1***
	$\ln(ten\_foil)$	0.546 4*	10.945 4***	136.175 4***
能源消费结构变量	str_coal	0.967 7*	9.660 8***	242.074 6***
	c_gas	0.302 6***	15.394 4***	153.950 8***
其他控制变量	$\ln(cit)$	0.258 4***	9.807 3***	74.815 3*
	$\ln(ratio\_gdpsec)$	0.185 8***	15.408 7***	126.002 3***
	$\ln(ratio\_inves)$	0.130 9***	5.221 1***	154.155 5***

注：***、**、* 表示变量序列分别在 1%、5%、10% 的显著性水平上平稳。

本章选取自 2004 年起政策实施前的数据与政策实施后至 2017 年的数据分析能源消费因素变化在大气污染防治政策实施中的作用。在本章所用到的 2004—2017 年全国 30 个省区市（西藏未统计）的面板数据中，SO_2 排放量和工业烟粉尘排放量数据来源于《中国环境统计年鉴》（2005—2018）和《中国环境年鉴》（2005—2018）；$PM_{2.5}$ 浓度数据来源于华盛顿大学大气成分分析组（Atmospheric Composition Analysis Group），由遥感数据解析得来，选用地理加权数据；相关控制变量数据主要来源于 2005—2018 年的《中国统计年鉴》《中国环境统计年鉴》《中国环境年鉴》《中国城市统计年鉴》和《中国能源统计年鉴》等公开的官方统计数据。

8.1.3 影响机制分析结果

以下是能源消费因素变化对大气污染防治效应影响程度的分析结果,所得检验结果由 Stata 软件分析得来。

8.1.3.1 能源消费量约束的影响机制

能源消费量因素分别用煤炭消费量、焦炭消费量、柴油消费量和燃料油消费量表示。

依据现有各省煤炭消费情况、焦煤消费情况、柴油消费情况、燃料油消费情况与双重差分效应构建交互项,本书分别分析了《大气污染防治行动计划》通过约束煤炭消费量、焦煤消费量、柴油消费量、燃料油消费量对 $PM_{2.5}$ 浓度、二氧化硫排放量和工业烟粉尘排放量的防治作用,检验结果见表 8-3~表 8-6。

表 8-3 关于煤炭消费量约束的检验结果

变量	$PM_{2.5}$		SO_2		工业烟粉尘	
	(1)	(2)	(1)	(2)	(1)	(2)
did(3)	0.059**	0.050*	0.152***	0.156***	0.229***	0.199***
	(0.029)	(0.028)	(0.053)	(0.049)	(0.070)	(0.063)
ln(cons_coal)	−0.036	0.057	0.073	0.365***	−0.443***	0.064
	(0.025)	(0.035)	(0.047)	(0.060)	(0.062)	(0.078)
did	−0.619**	−0.539**	−1.668***	−1.753***	−2.141***	−1.768***
	(0.264)	(0.262)	(0.487)	(0.450)	(0.644)	(0.581)
ln(cit)		−0.405***		−1.731***		−1.795***
		(0.086)		(0.148)		(0.191)
ln(ratio_gdpsec)		0.002		0.014***		−0.015***
		(0.002)		(0.003)		(0.004)
ln(ratio_inves)		−0.003		0.062**		0.072**
		(0.015)		(0.025)		(0.033)
常数项	−4.196***	−3.571***	3.447***	6.719***	7.539***	10.485***
	(0.228)	(0.258)	(0.420)	(0.442)	(0.555)	(0.571)
F 值	434.94***	285.91***	36.24***	36.10***	38.36***	32.39***

注:(1)组回归结果表示净机制效应,(2)组回归结果表示引入控制变量后的机制效应;***、**、* 分别表示变量的显著性水平为 1%、5%、10%。后同。

第8章 大气污染防治政策效应的影响机制

由表8-3可知,控制煤炭消费总量是解决中国能源环境问题的有效途径。约束煤炭消费总量对控制$PM_{2.5}$浓度、二氧化硫排放量和工业烟粉尘排放量均有一定效果,大气污染防治政策下的煤炭消费量变化与大气污染物排放呈正向关系。尽管随着煤炭消费量的提高,与之相关的大气污染物总量也会有所增加,但约束效应仍有明显体现。同时,煤炭消费量的约束对$PM_{2.5}$浓度、二氧化硫排放量和工业烟粉尘排放量三者的约束效应有所不同。其中,它对二氧化硫排放量和工业烟粉尘排放量影响效果较为显著,均为1%水平下显著,且影响程度较大,分别为0.156和0.199;对$PM_{2.5}$浓度的影响呈现10%水平不显著,约束效应仅有0.050。

由表8-4可知,约束焦炭消费总量对控制二氧化硫排放量和工业烟粉尘排放量有一定效果,而对控制$PM_{2.5}$浓度并无显著效果。在大气污染防治政策下的焦炭消费量变化与大气污染物排放呈正向关系。随着焦炭消费量的提高,二氧化硫排放量和工业烟粉尘排放量有所增加,控制效应有明显体现。同时,焦炭消费量的约束对二氧化硫排放量和工业烟粉尘排放量的控制效应有所不同。其中,对二氧化硫排放量的约束效应为0.036,在5%水平下显著;对工业烟粉尘排放量的约束效应为0.118,在1%水平下显著。

表8-4 关于焦炭消费量约束的检验结果

变量	$PM_{2.5}$		SO_2		工业烟粉尘	
	(1)	(2)	(1)	(2)	(1)	(2)
did(3)	0.020*	0.012	0.056***	0.036**	0.133***	0.118***
	(0.010)	(0.010)	(0.021)	(0.018)	(0.024)	(0.023)
ln(cons_coke)	−0.060**	0.065*	−0.094*	0.377***	−0.471***	−0.014
	(0.024)	(0.036)	(0.048)	(0.062)	(0.055)	(0.078)
did	−0.256***	−0.153**	−0.938***	−0.547***	−0.824***	−0.662***
	(0.069)	(0.071)	(0.141)	(0.122)	(0.162)	(0.153)
ln(cit)		−0.407***		−1.726***		−1.707***
		(0.087)		(0.150)		(0.188)
ln(ratio_gdpsec)		0.002		0.014***		−0.014***
		(0.002)		(0.003)		(0.004)
ln(ratio_inves)		−0.005		0.058**		0.096***
		(0.015)		(0.026)		(0.032)
常数项	−3.989***	−3.638***	4.890***	6.589***	7.737***	10.761***
	(0.215)	(0.259)	(0.440)	(0.445)	(0.504)	(0.558)
F值	429.50***	278.73***	32.63***	33.16***	52.00***	34.18***

由表 8-5 可知，约束柴油消费总量对控制二氧化硫排放量和工业烟粉尘排放量有一定效果，而对控制 $PM_{2.5}$ 浓度并无显著效果。在大气污染防治政策下的柴油消费量变化与大气污染物排放呈正向关系。大气污染防治政策对柴油消费量的要求对二氧化硫排放量和工业烟粉尘排放量的约束效应有明显体现。同时，柴油消费量的约束对二氧化硫排放量和工业烟粉尘排放量的约束效应有所不同。其中，对二氧化硫排放量和工业烟粉尘排放量的约束效应均在 5% 水平下显著，分别为 0.209 和 0.216。值得一提的是，控制变量中城镇化水平、第二产业 GDP 占比和环境投资占 GDP 比重在其中起到了较为重要的作用，增加了柴油消费量对二氧化硫排放和工业烟粉尘排放的约束效应。

表 8-5 关于柴油消费量约束的检验结果

变量	$PM_{2.5}$		SO_2		工业烟粉尘	
	(1)	(2)	(1)	(2)	(1)	(2)
did(3)	0.035 (0.046)	0.042 (0.045)	0.145 (0.093)	0.209** (0.081)	0.146 (0.101)	0.216** (0.099)
ln(cons_dies)	-0.069*** (0.019)	0.021 (0.033)	-0.163*** (0.038)	0.201*** (0.060)	-0.494*** (0.042)	-0.245*** (0.073)
did	-0.349 (0.295)	-0.360 (0.293)	-1.503** (0.599)	-1.731*** (0.527)	-0.875 (0.655)	-1.348** (0.640)
ln(cit)		-0.343*** (0.103)		-1.541*** (0.185)		-1.036*** (0.225)
ln(ratio_gdpsec)		0.002 (0.002)		0.014*** (0.003)		-0.011*** (0.004)
ln(ratio_inves)		-0.001 (0.015)		0.079*** (0.026)		0.082** (0.032)
常数项	-4.124*** (0.113)	-3.439*** (0.288)	4.997*** (0.230)	8.054*** (0.518)	6.394*** (0.252)	9.379*** (0.629)
F 值	327.25***	174.62***	93.08***	53.33***	122.88***	51.69***

由表 8-6 可知，约束燃料油消费总量仅对控制工业烟粉尘排放量有一定

效果,约束效应为 0.113,在 1% 水平下显著,而对控制 $PM_{2.5}$ 浓度和二氧化硫排放量并无显著效果。

表 8-6 关于燃料油消费量约束的检验结果

变量	$PM_{2.5}$		SO_2		工业烟粉尘	
	(1)	(2)	(1)	(2)	(1)	(2)
did(3)	0.002 (0.020)	0.004 (0.019)	−0.001 (0.041)	0.021 (0.036)	0.109** (0.051)	0.113*** (0.043)
ln(cons_foil)	−0.004 (0.007)	−0.007 (0.007)	−0.005 (0.015)	−0.007 (0.013)	0.011 (0.018)	0.015 (0.016)
did	−0.148 (0.099)	−0.114 (0.096)	−0.596*** (0.204)	−0.489*** (0.177)	−0.522** (0.254)	−0.484** (0.212)
ln(cit)		−0.283*** (0.061)		−1.013*** (0.111)		−1.629*** (0.134)
ln(ratio_gdpsec)		0.003* (0.002)		0.017*** (0.003)		−0.014*** (0.004)
ln(ratio_inves)		−0.005 (0.015)		0.076*** (0.027)		0.078** (0.033)
常数项	−4.524*** (0.026)	−3.539*** (0.249)	4.039*** (0.053)	7.089*** (0.457)	3.401*** (0.066)	10.290*** (0.549)
F 值	505.72***	420.85***	145.87***	94.21***	118.26***	75.57***

8.1.3.2 能源消费强度约束的影响机制

为探索能源利用技术水平提升在大气污染治理过程中的作用,本节选取煤炭消费强度、焦炭消费强度、柴油消费强度、燃料油消费强度四个变量作为能源消费强度的代表,讨论《大气污染防治行动计划》中的此项约束在大气污染治理中的作用。

依据现有各省煤炭消费强度与双重差分效应构建交互项,本节分别分析了《大气污染防治计划》通过约束煤炭消费强度、焦炭消费强度、柴油消费强度、燃料油消费强度对 $PM_{2.5}$ 浓度、二氧化硫排放量和工业烟粉尘排放量的控制作用,分析结果见表 8-7～表 8-10。由表 8-7 可知,约束煤炭消费强度对

控制 $PM_{2.5}$ 浓度、二氧化硫排放量和工业烟粉尘排放量均有一定效果。在大气污染防治政策下的煤炭消费强度变化与大气污染物排放呈正向关系,约束效应明显。其中,它对 $PM_{2.5}$ 浓度的约束效应为 0.267,在 5% 水平下显著;对二氧化硫排放量和工业烟粉尘排放量的约束效应均在 1% 水平下显著,分别为 0.921 和 0.958。大气污染防治政策对煤炭利用技术水平提升的要求对大气污染有明显的约束效应。

表 8-7 关于煤炭消费强度约束的检验结果

变量	$PM_{2.5}$		SO_2		工业烟粉尘	
	(1)	(2)	(1)	(2)	(1)	(2)
did(3)	0.230**	0.267**	0.819***	0.921***	0.640**	0.958***
	(0.112)	(0.110)	(0.217)	(0.199)	(0.261)	(0.241)
ln(inten_coal)	0.040***	−0.021	0.161***	−0.011	0.274***	0.090**
	(0.013)	(0.018)	(0.024)	(0.032)	(0.029)	(0.039)
did	−0.204***	−0.183***	−0.831***	−0.704***	−0.149	−0.303***
	(0.049)	(0.050)	(0.095)	(0.089)	(0.114)	(0.108)
ln(cit)		−0.375***		−1.119***		−1.382***
		(0.085)		(0.154)		(0.186)
ln(ratio_gdpsec)		0.003		0.016***		−0.016***
		(0.002)		(0.003)		(0.004)
ln(ratio_inves)		0.001		0.088***		0.073**
		(0.014)		(0.026)		(0.031)
常数项	−4.586***	−3.175***	3.828***	7.537***	3.109***	9.394***
	(0.016)	(0.351)	(0.032)	(0.632)	(0.038)	(0.767)
F 值	573.40***	494.45***	157.95***	126.48***	127.65***	91.95***

由表 8-8 可知,约束焦炭消费强度对控制 $PM_{2.5}$ 浓度、二氧化硫排放量和工业烟粉尘排放量均有一定效果,但约束效应有所不同。其中,对 $PM_{2.5}$ 浓度的约束效应为 0.666,在 10% 水平下显著;对二氧化硫排放量和工业烟粉尘排放量的约束效应均在 1% 水平下显著,分别为 2.155 和 3.014。

第8章 大气污染防治政策效应的影响机制

表8-8 关于焦炭消费强度约束的检验结果

变量	PM$_{2.5}$		SO$_2$		工业烟粉尘	
	(1)	(2)	(1)	(2)	(1)	(2)
did(3)	0.678*	0.666*	2.181***	2.155***	2.376***	3.014***
	(0.354)	(0.348)	(0.704)	(0.633)	(0.868)	(0.762)
ln(inten_coke)	0.396***	0.008	1.326***	0.083	2.052***	0.695**
	(0.124)	(0.150)	(0.247)	(0.272)	(0.304)	(0.327)
did	−0.164***	−0.131***	−0.684***	−0.514***	−0.087	−0.146*
	(0.037)	(0.038)	(0.073)	(0.069)	(0.090)	(0.083)
ln(cit)		−0.296***		−1.036***		−1.502***
		(0.070)		(0.128)		(0.154)
ln(ratio_gdpsec)		0.003		0.016***		−0.016***
		(0.002)		(0.003)		(0.004)
ln(ratio_inves)		0.000		0.085***		0.079**
		(0.014)		(0.026)		(0.032)
常数项	−4.576***	−3.501***	3.892***	7.187***	3.238***	9.901***
	(0.014)	(0.287)	(0.028)	(0.522)	(0.034)	(0.627)
F 值	602.82***	513.46***	148.09***	122.70***	111.20***	89.94***

由表8-9可知,约束柴油消费强度对控制二氧化硫排放量和工业烟粉尘排放量有一定效果,而对 PM$_{2.5}$ 浓度的约束效果不显著。它对二氧化硫排放量和工业烟粉尘排放量的约束效应在1%水平下显著,分别为22.913和43.871。

表8-9 关于柴油消费强度约束的检验结果

变量	PM$_{2.5}$		SO$_2$		工业烟粉尘	
	(1)	(2)	(1)	(2)	(1)	(2)
did(3)	1.458	1.424	19.931**	22.913***	37.800***	43.871***
	(4.859)	(4.827)	(9.486)	(8.776)	(11.850)	(10.514)
ln(inten_dies)	1.677***	0.231	5.851***	1.066	7.180***	0.192
	(0.427)	(0.577)	(0.834)	(1.049)	(1.042)	(1.257)
did	−0.140	−0.118	−0.889***	−0.814***	−0.621***	−0.792***
	(0.097)	(0.096)	(0.188)	(0.175)	(0.235)	(0.210)

续表 8-9

变量	$PM_{2.5}$		SO_2		工业烟粉尘	
	(1)	(2)	(1)	(2)	(1)	(2)
ln(cit)		−0.265***		−0.936***		−1.631***
		(0.080)		(0.145)		(0.174)
ln(ratio_gdpsec)		0.003		0.016***		−0.014***
		(0.002)		(0.003)		(0.004)
ln(ratio_inves)		−0.002		0.086***		0.078**
		(0.015)		(0.026)		(0.032)
常数项	−4.613***	−3.636***	3.757***	6.748***	3.115***	10.377***
	(0.020)	(0.330)	(0.040)	(0.600)	(0.050)	(0.719)
F 值	578.40***	471.65***	175.76***	119.39***	135.62***	89.20***

由表 8-10 可知，约束燃料油消费强度对工业烟粉尘排放量有一定效果，而对 $PM_{2.5}$ 浓度和二氧化硫排放量的约束效应不显著。它对工业烟粉尘排放量约束效应在 1% 水平下显著，效应为 34.194。在政策实施过程中，燃料油利用效率的提升对二氧化硫排放量和 $PM_{2.5}$ 浓度的治理作用不显著。

表 8-10　关于燃料油消费强度约束的检验结果

变量	$PM_{2.5}$		SO_2		工业烟粉尘	
	(1)	(2)	(1)	(2)	(1)	(2)
did(3)	1.744	−0.026	−8.783	−12.880	48.464***	34.194***
	(4.523)	(4.425)	(9.079)	(8.005)	(11.008)	(9.429)
ln(inten_foil)	1.998**	1.236	6.730***	4.128***	12.241***	9.438***
	(0.803)	(0.793)	(1.612)	(1.435)	(1.955)	(1.690)
did	−0.120***	−0.077*	−0.450***	−0.259***	−0.148	−0.063
	(0.041)	(0.041)	(0.083)	(0.075)	(0.100)	(0.088)
ln(cit)		−0.272***		−0.982***		−1.475***
		(0.061)		(0.111)		(0.130)
ln(ratio_gdpsec)		0.003		0.016***		−0.014***
		(0.002)		(0.003)		(0.003)

续表 8-10

变量	$PM_{2.5}$		SO_2		工业烟粉尘	
	(1)	(2)	(1)	(2)	(1)	(2)
ln(ratio_inves)		−0.002 (0.014)		0.080*** (0.026)		0.065** (0.031)
常数项	−4.556*** (0.010)	−3.607*** (0.252)	3.959*** (0.020)	6.967*** (0.456)	3.324*** (0.024)	9.698*** (0.538)
F 值	594.28***	515.85***	163.69***	122.24***	133.84***	98.24***

8.1.3.3 能源消费结构约束的影响机制

大气污染治理政策对能源消费结构约束的核心观点在于降低煤炭消费结构、加快天然气对煤炭的替代、提高清洁能源消费占比。为探索能源消费结构在大气污染治理过程中的作用，本节选取煤炭消费结构和"煤改气"两个变量作为能源消费结构的代表，并讨论《大气污染防治行动计划》中的此项约束对大气污染治理中的作用。

依据现有各省煤炭消费结构与双重差分效应的交互项，本节分别分析了《大气污染防治计划》通过约束煤炭消费结构对 $PM_{2.5}$ 浓度、二氧化硫排放量和工业烟粉尘排放量的控制作用，分析结果见表 8-11。由表 8-11 可知，约束煤炭消费结构对 $PM_{2.5}$ 浓度、二氧化硫排放量、工业烟粉尘排放量均有一定效果，但约束效果不尽相同。其中，对 $PM_{2.5}$ 浓度的控制效应为 0.003，在 5%水平下显著；对二氧化硫排放量和工业烟粉尘排放量的约束效应均在 1%水平下显著，分别为 0.011 和 0.012。

针对天然气供应不足的局面，《大气污染防治行动计划》提出，要"加大天然气、煤制天然气、煤层气供应，尽快制订煤制天然气发展规划，在满足最严格的环保要求和保障水资源供应的前提下，加快煤制天然气产业化和规模化"。罗知等（2018）认为，"煤改气"可以缓解大气污染，一方面是因为这一举措使得排污量大的散煤使用量有所下降，另一方面是由于天然气主要用于替代煤炭的消费。因此，大气污染物排放量减少的主要原因是煤炭消费量下降，只要减少煤炭的使用量，就会在一定程度上缓解大气污染。采用天然气消费量与煤炭消费量的比值来表示"煤改气"所带来的能源消费结构变化，结果见表 8-12。由表 8-12 可知，"煤改气"这一方式对二氧化硫排放量和工业烟粉尘排放量有显著约束效果,对 $PM_{2.5}$ 约束效果不显著。其中,对二氧化硫排放量的约束效应为 0.007,在 1% 水平下显著;对工业烟粉尘排放量的约束效应为 0.005,在 5% 水平下显著。

表 8-11 关于煤炭消费结构约束的检验结果

变量	$PM_{2.5}$		SO_2		工业烟粉尘	
	(1)	(2)	(1)	(2)	(1)	(2)
did(3)	0.003**	0.003**	0.009***	0.011***	0.007*	0.012***
	(0.001)	(0.001)	(0.003)	(0.002)	(0.003)	(0.003)
str_coal	0.000	0.000	0.004**	0.004***	0.003	0.001
	(0.001)	(0.001)	(0.001)	(0.001)	(0.002)	(0.002)
did	−0.261***	−0.244***	−0.976***	−0.853***	−0.289	−0.495***
	(0.071)	(0.070)	(0.142)	(0.124)	(0.182)	(0.154)
ln(cit)		−0.303***		−1.057***		−1.671***
		(0.061)		(0.107)		(0.133)
ln(ratio_gdpsec)		0.002		0.017***		−0.015***
		(0.002)		(0.003)		(0.004)
ln(ratio_inves)		0.000		0.076***		0.066**
		(0.014)		(0.026)		(0.032)
常数项	−4.543***	−3.477***	3.784***	7.038***	3.256***	10.483***
	(0.047)	(0.258)	(0.095)	(0.457)	(0.122)	(0.566)
F 值	589.61***	523.52***	137.03***	128.05***	95.44***	86.22***

表 8-12 关于"煤改气"的检验结果

变量	$PM_{2.5}$		SO_2		工业烟粉尘	
	(1)	(2)	(1)	(2)	(1)	(2)
did(3)	0.003**	0.002	0.012***	0.007***	0.009***	0.005**
	(0.001)	(0.001)	(0.002)	(0.002)	(0.003)	(0.002)
c_gas	−0.004***	−0.002**	−0.016***	−0.011***	−0.013***	−0.009***
	(0.001)	(0.001)	(0.002)	(0.002)	(0.003)	(0.003)
did	−0.137***	−0.088**	−0.583***	−0.343***	0.018	0.101
	(0.035)	(0.037)	(0.067)	(0.064)	(0.088)	(0.080)

续表 8-12

变量	PM$_{2.5}$		SO$_2$		工业烟粉尘	
	(1)	(2)	(1)	(2)	(1)	(2)
ln(cit)		−0.271***		−0.955***		−1.575***
		(0.061)		(0.106)		(0.133)
ln(ratio_gdpsec)		0.002		0.014***		−0.016***
		(0.002)		(0.003)		(0.004)
ln(ratio_inves)		−0.003		0.078***		0.066**
		(0.014)		(0.025)		(0.031)
常数项	−4.500***	−3.558***	4.196***	7.084***	3.577***	10.355***
	(0.014)	(0.248)	(0.027)	(0.430)	(0.035)	(0.538)
F 值	542.26***	461.77***	65.84***	75.16***	56.70***	60.75***

8.1.4 讨论

综合上述检验结果制成表 8-13，表示大气污染防治政策约束能源消费量、能源消费强度和能源消费结构所带来的大气污染约束效应。

表 8-13 大气污染防治政策中的能源消费因素约束效应

能源消费因素	变量	PM$_{2.5}$	SO$_2$	工业烟粉尘
能源消费量	煤炭消费量	0.050*	0.156***	0.199***
	焦炭消费量	—	0.036**	0.118***
	柴油消费量	—	0.209**	0.216**
	燃料油消费量	—	—	0.113***
能源消费强度	煤炭消费强度	0.267**	0.921***	0.958***
	焦炭消费强度	0.666*	2.155***	3.014***
	柴油消费强度	—	22.913***	43.871***
	燃料油消费强度	—	—	34.194***
能源消费结构	煤炭消费结构	0.003**	0.011**	0.012**
	"煤改气"	—	0.007***	0.005**

注：表格依据显著性水平分配底色，颜色越深，显著性水平越高。

综合上述对各能源消费因素的分析,得到如下结论。

第一,同一大气污染物治理效果来源于不同能源消费因素的变化。与 $PM_{2.5}$ 浓度治理相关的能源消费因素主要是煤炭消费量、煤炭消费强度、焦炭消费强度和煤炭消费结构。对二氧化硫排放治理效果不显著的能源消费因素主要为燃料油消费量和燃料油消费强度。通过对能源消费量、能源消费强度和能源消费结构这十个变量的约束,《大气污染防治行动计划》对工业烟粉尘排放的治理均有成效。

第二,不同的能源消费因素会对不同类型的大气污染物治理产生影响。煤炭消费量、煤炭消费强度、焦炭消费强度和煤炭消费结构的变化对 $PM_{2.5}$、二氧化硫排放和工业烟粉尘排放的治理均有一定的效果。燃料油消费量和燃料油消费强度对 $PM_{2.5}$、二氧化硫排放的治理未见显著成效。

第三,不同能源消费因素对各大气污染物治理程度不同。从污染物种类来看,在 $PM_{2.5}$ 的治理中,煤炭消费强度和煤炭消费结构的约束效应较煤炭消费量与焦炭消费强度显著;在二氧化硫排放治理中,焦炭消费量和柴油消费量的改变对其治理效果较弱;在工业烟粉尘排放治理中,柴油消费量和"煤改气"行为对其影响效果较弱。从能源消费约束来看,各类能源消费约束对不同大气污染物治理所产生的效应呈现"工业烟粉尘 $>SO_2>PM_{2.5}$"的规律。

第四,大气污染防治政策中对能源消费量、能源消费强度和能源消费结构的约束缺一不可,并且可对不同大气污染物所对应的能源消费因素进行具体化、量化的约束,加强对各项大气污染物治理的针对性和有效性。

8.2 社会经济因素影响机制分析

8.2.1 政策执行的社会经济背景

大气污染问题与社会经济发展密切相关,《大气污染防治行动计划》等一系列大气污染防治政策是以我国快速工业化和城镇化进程中造成的环境污染问题日益严重为背景制定的,环境政策执行效应也会因为社会经济因素的变化而不同。政策执行地区的社会经济因素差异会导致政策效应的变化。

图 8-6 展现了《大气污染防治行动计划》和重点地区大气污染政策实施的处理组与控制组的社会经济因素情况。由图可以明显看出,处理组(京、津、

第8章 大气污染防治政策效应的影响机制

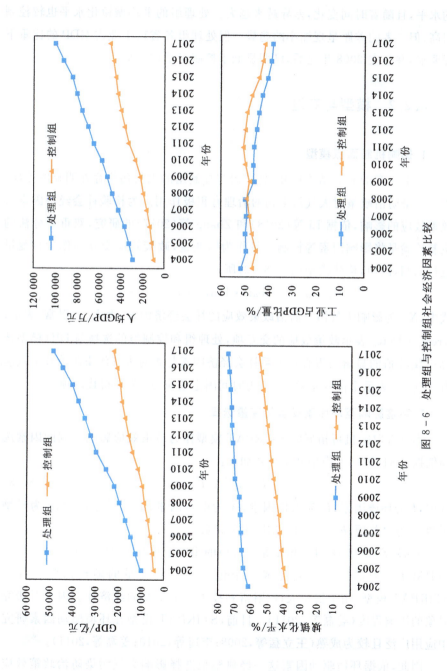

图 8-6 处理组与控制组社会经济因素比较

冀、江、浙、沪、粤)的 GDP 平均水平和人均 GDP 平均水平远高于其他地区平均水平,且随着时间变化,差异越来越大。处理组的平均城镇化水平也较控制组高,但二者的差距呈现缩小的趋势。但处理组各省市工业占 GDP 的比重下降明显,并且在 2008 年之后,已明显低于控制组平均水平。

8.2.2 模型与变量

1. 影响机制面板模型

由上一章的研究结论可知,处理组与控制组的大气污染存在明显的差异,大气污染防治政策对大气污染物的治理有积极作用。为检验社会经济因素对政策效应的影响,依据 Li 等(2018)和 Zhang 等(2017)的研究,双重差分法的机制检验是将影响因素等控制变量作为因变量,政策效应交互项作为自变量进行回归,因而,构建模型如式(8-2)所示:

$$X_{it} = \alpha + \beta \text{Treat}_i \cdot \text{Date}_t + \mu_i + \lambda_t + \varepsilon_{it} \quad (8-2)$$

式中,X_{it} 为影响大气污染防治政策效应的社会经济因素,由人口、财富、表示;$\text{Treat}_i \cdot \text{Date}_t$ 表示政策效应的交互项,处理组和控制组的选择与 DID 模型选择一致,β 值的显著与否直接关系社会经济因素是否对大气污染防治政策效应有影响;μ_i 表示个体固定效应;λ_t 为时间固定效应;ε_{it} 为随机扰动项。

2. 环境影响驱动因素模型与变量选择

本书选取随机可拓展的 STIRPAT 模型作为政策效应影响机制的因素选择依据。STIRPAT 模型基本公式如下:

$$I = \alpha P^b A^c T^d \varepsilon \quad (8-3)$$

式中,I 为环境因素;P 为人口因素;A 为财富因素;T 为技术因素;α 为模型系数;ε 为误差项;b、c、d 为影响因素的指数。

York 等(2003)将 Ehrlich 等(1971)的 IPAT 模型及 Waggoner(2004)的 ImPACT 模型的恒等式转化成一个包含多个自变量的随机回归非线性 STIRPAT 模型,用于揭示人口、财富和技术三个重要的经济社会因素对研究对象的影响程度(姜磊等,2011)。目前,STIRPAT 模型在环境驱动因素研究中应用广泛且较为成熟(王立猛等,2008;李琦等,2010;姜磊等,2011)。

因此,依据环境驱动因素这一经典模型选择影响大气污染防治政策效应的社会经济影响因素,判断这些因素对政策执行效应是否有影响。参照前文

第8章 大气污染防治政策效应的影响机制

政策效应分析中的控制变量选择，选择城市化水平（degree of urbanization）作为人口因素的体现，选择人均GDP（pgdp）作为财富因素的体现，同时选用工业生产总值占GDP的比重（is）作为技术因素的体现。

8.2.3 结果分析

表8-14展示了社会经济因素影响机制分析的结果。由表8-14可以发现，城市化水平、经济发展水平和产业结构因素均对政策效应有显著的负向影响，而人均GDP对政策效应有显著的正向影响。这意味着，处理组的城市化水平与工业占GDP的比重较其他地区相对低，而人均GDP较其他地区高。城镇化水平的下降、工业占GDP的比重的下降和人均GDP的增长在一定程度上会减少污染物的排放，带来积极的政策效应。

表8-14 社会经济因素影响机制分析结果

变量	ln(cit)	ln(pgdp)	ln(is)
did	−0.069*** (−6.23)	0.191*** (7.24)	−0.271*** (−5.40)
常数项	1.984*** (9.31)	9.384*** (497.50)	0.377*** (10.51)
时间固定效应	是	是	是
F检验（P值）	282.13(0.000)	243.05(0.000)	172.87(0.000)
R^2	0.890	0.964	0.787
观测值	420	420	420

注：括号内为 t 值。

第9章 大气污染防治政策优化建议

发挥政策制度优势,运用法治方式进行大气污染防治,既是中国特色社会主义制度优势的具体体现,也是我国大气污染防治的关键举措,亦成为衡量我国推进国家治理体系和治理能力现代化的一个重要标志。大气污染防治政策是大气污染治理的法治保障和根本制度,相关政策的健全完善与执行效力是大气污染治理成效的关键。我国当前和今后一个时期的重大战略任务就是要尽快完善我国大气污染防治体系,实行最严格大气生态环境政策制度,持续实施大气污染防治,坚持全民共治、源头防治,大力推进大气污染治理能力现代化。

本章依据前文对现有大气污染防治政策的梳理,结合第4章~第8章对大气环境政策实施效应评估,借鉴发达国家大气污染治理经验,围绕大气污染综合治理体系优化的总体目标与基本原则,提出大气污染治理体系优化的设计框架,以及一些相应的具体措施与建议。

9.1 大气污染防治政策优化理念

理念是行动的先导。树立和践行大气污染防治理念是打好大气污染防治攻坚战的行动指南。2018年5月,中共中央总书记、国家主席、中央军委主席习近平在全国生态环境保护大会上指出:"绿水青山就是金山银山,贯彻创新、协调、绿色、开放、共享的发展理念,加快形成节约资源和保护环境的空间格局、产业结构、生产方式、生活方式,给自然生态留下休养生息的时间和空间。"做好大气污染防治工作,必须坚持绿水青山就是金山银山,践行新发展理念,推进人与自然和谐共生,从源头防控大气污染,治理大气污染根本,巩固大气污染防治成果。

大气环境是人们健康生存、生产生活的重要基础保障。让人民群众享有

第 9 章　大气污染防治政策优化建议

美丽宜居的环境,是实现国家富强、民族振兴、人民幸福中国梦的目标追求,是坚持"人与自然和谐共生""绿水青山就是金山银山"的理念,是打赢蓝天保卫战和建设美丽中国的最大实践。新时期的大气污染防治工作,要把良好的大气环境作为改善民生的重要目标,坚持经济发展与环境保护相协调。大气污染防治政策的修订、完善要从"牺牲环境换发展""边污染边治理"的传统陈旧观念,尽快向新时代"绿水青山就是金山银山""绿色政绩观"的新发展理念递进,精细化大气污染防治政策,持续推进大气污染治理力度,巩固扩大蓝天保卫战成果。其重点在于确定一次能源消费总量标准,优化能源消费结构,实现循环经济和清洁生产。

一要正确处理大气污染防治与高质量经济增长的关系,并形成科学统一的思想共识。经济发展与环境污染大多相伴而生,且又相互制约。依据库兹涅茨曲线所描述的,在粗放型经济发展过程中,经济增长与环境污染的正相关关系已被学者们所公认,经济越发展,环境污染越严重。这种情况会一直维持到无法满足公众对生产生活环境的要求,在采取一系列有效措施后,环境污染才会逐渐随着经济增长而减少。这一严重危害大气环境的粗放型经济增长方式,不再适应新时代经济社会发展和大气污染治理的需要。高质量经济发展要求正确处理好大气污染防治与经济增长的密切联系,需要国家政府部门通过宏观政策约束,统筹协调经济增长和环境保护的关系,实现经济效益和环境效益的统一;需要各地方政府因地制宜,制定大气污染防治标准细则,算好大气污染防治与经济增长这笔细账,既满足本区域经济高质量发展,又能完成国家社会经济可持续发展,实现经济成本与环境治理效益最大化。世界发达国家大多利用制度创新、税制改革、金融创新等手段解决环境污染问题,促进国家经济结构与经济发展方式的转型升级。这些值得我国加以借鉴,创新经济增长路径,优化能源消费结构,控制高耗能高污染,提升环保技术研发,积极开发可再生能源,促进经济高质量发展。

二要坚持用新发展理念引领大气污染政策的完善、修订和有效实施。大气污染防治政策修订要把防治大气污染、保障公众健康、推动生态文明建设、促进经济社会可持续发展等作为价值追求理念。理念创新是管理创新的基础。新发展理念为大气污染防治政策的优化提供了新构想、新概念和新思路,使政策能够更好地满足当下经济社会发展的内外部环境,进而推动资源的有效开发和能源的综合利用。政策要按照实际变化情况及自身发展的需要,与时俱进,不断创新,实现制度与现实之间的相互结合,付诸管理与运作的实践环节。治理理念创新包含基于环境与经济共赢理念的创新、持续性改善的理念创新。大气污染问题关系到人们的身体健康,是各个行业在生产建设过程中需要注意的大问题,需要不同地区根据实际情况制定针对性的治理政策措施,采取节能减排措施,研发大气污染防治技术,为保护大气环境做贡献。

三要坚持促进经济社会与大气环境质量协同发展的目标理念。大气环境治理本身是一个持续改善的、动态的过程,大气污染防治能够满足经济与环境的共赢需求。我国京津冀及周边地区大气重污染成因与治理攻关项目阶段性成果显示,污染排放、气象条件和区域传输是三大影响因素;远超环境吸收能力的污染排放强度是大气重污染形成的主因;工业、机动车、燃煤、扬尘是四大污染源;有机物、硝酸盐、硫酸盐、铵盐是 $PM_{2.5}$ 四大类组成成分。因此,在国民经济及社会发展总体规划编制中,要把大气环境问题纳入战略决策范畴。建立"PDCA"循环机制,即通过策划(planning)、实施(do)、检查(check)、处置或改进(action)不断分析问题及原因,持续提升大气污染治理实效。优化能源结构与经济结构,优化城市风道与工业布局,让生态环境与经济社会发展相契合,促进大气污染防治与一次能源消费总量减排、能源结构优化、绿色产业发展、区域生态环境综合整治有机结合,以保证政策决策不影响生态环境建设,为高质量经济发展提供持续的大气环境基础条件。

四要坚持完善政策体系与提升治理能力相统筹。政策制度的好坏跟落实与否息息相关,政策的落实与目标的实现不会自然达到,制度优势也不会自然体现。要让政策威力充分发挥作用,必须靠人。需要人理解制度、尊重制度,自觉在政策指导下、制度框架内做事。因地制宜,采用不同方式有效执行政策,并落实到位。这需要制度意识、责任意识,从实际出发,因地制宜精细化具体措施。既有责任担当之勇,又有科学防控之智,既有统筹兼顾之谋,又有组织实施之能,切实抓好工作落实。

9.2 政策体系完善框架

在总结分析大气污染防治经验教训和政策效应评估的基础上,进一步优化完善大气污染防治政策体系,强化大气污染防治法律法规的针对性、有效性,是当前和今后一个时期改善大气环境质量的重要法宝。

第9章　大气污染防治政策优化建议

1. 创新大气污染防治体制机制

党的十九大报告提出:"开展全民绿色行动,构建政府为主导、企业为主体、社会组织和公众共同参与的环境治理体系"。政府是大气污染防治的重要推动者,中央政府主导、中央和地方政府共同负责治理大气污染。中央政府负责全国大气污染治理的大方向大原则,制定出台大气污染防治指导性政策法规,协调国际国内大区域范围内的大气环境质量改善。地方政府严格落实国家政策法规,按照国家要求因地制宜地制定地方政策,负责本区域范围内的大气环境质量改善。政府部门还要构建监管体制机制,加大政策干预力度,加强相关企业监管,支持环保部门执法,有效控制污染物排放。加强部门协同机制,如气象监测与大气污染防治密不可分,气象部门能够对形成大气污染的气象条件进行详细全面的分析,及时找出区域性大气污染加剧的原因与形成机理。要让政府部门间有机"融合"、共同发力,而不是简单地"拼接"应付,责、权、利的分工推诿。通过完善政策体系、加大执法力度,打造政策引领、政府主导、市场动作、企业治理、全民共治的管理体制和运行机制。

通过法律手段规制各类大气污染违法行为,将大气污染治理责任法治化、落实到位。在大气污染防治中,进一步坚持和完善国家有关法律法规,及时修订相关法律和治理标准,制定新型大气污染防治预案,让大气污染防治成为法律责任、社会责任、政治责任。坚持大气环境保护的党内法规和国家立法的衔接和协调,引入政治巡查、经济审计制度。创建大气污染防治党政同责、中央环境保护督察、生态文明建设目标考核等体制、制度和机制。明确各级党委、政府及相关部门责任,坚持新发展理念和绿色发展,按照依法依规、党政同责、归属明晰、权责一致、多方联动的原则,形成党政同责、一岗双责、失职追责的体制机制和法治体系,打造职责清晰、相互衔接的分工协作职责体系,将代际正义[①]和全社会价值理念的道德约束融入人们日常生活生产的行为中。

2. 完善中央与地方大气污染防治政策体系

我国《大气污染防治法》历经三次修订,最新修订版本于 2016 年 1 月 1 日正式实施。面对日益恶化的大气环境质量问题,修订后的《大气污染防治法》强化了地方政府的大气污染治理责任和对地方政府的监督,完善了大气环境

---

① 生态伦理观的基本内容之一,指既要满足当代人的发展需要,也要满足子孙后代的发展需要,不可对后代人满足需要的能力构成危害,即当代人与后代人公平享有地球资源与生态环境。

质量评价标准体系,强调了大气污染防治区域联防联控机制、协同控制多种大气污染物、协调解决区域和城市大气污染防治等重大问题;还从产业政策制定、能源结构调整、燃煤质量提高、机动车污染治理等方面,明确规定了大气污染的全程治理,以形成大气污染物控排限排的长效机制;同时,与新修订的《环境保护法》形成协同效应,联手加大对大气污染物排放源违法排放的处罚力度。然而对重点污染物总量控制、排放交易、行政命令、市场手段、激励机制和跨区域跨部门大气污染联合治理等方面仍然需要进一步地改进和完善。

全面、系统、完整的大气污染防治政策体系是有效遏制大气污染的重要基石。按照源头防控、重点治理、优化巩固的总体思路,从宏观到微观,从整体到局部,以《大气污染防治行动计划》《水污染防治行动计划》《土壤污染防治行动计划》三大攻坚计划为纲,将大气污染治理与水土环境治理联动,形成有机的立体化空间体系,形成大气污染防治政策的闭环。我国大气污染治理主要经历了20世纪70年代至20世纪90年代初聚焦酸雨的SO_2治理、20世纪90年代中后期至2010年关注温室气体的节能减排、2011年至今的雾霾治理三个阶段。无论在哪个阶段,大气污染防治的显著成果都离不开政策制度的有力保障。从《环境保护法》(2014年修订)、《大气污染防治法》(2018年修订)等政策法规,到《关于推进大气污染联防联控工作改善区域空气质量的指导意见》《重点区域大气污染防治"十二五"规划》《关于进一步做好重污染天气条件下空气质量监测预警工作的通知》《大气污染防治行动计划》《打赢蓝天保卫战三年行动计划(2018年)》等具体行动计划,再到《环境空气质量标准》《重点区域大气污染防治"十二五"规划》《大气污染防治十条措施》《京津冀及周边地区重点行业大气污染限期治理方案》《环境保护部约谈暂行办法》《大气污染防治行动计划实施情况考核办法(试行)实施细则》《京津冀大气污染防治强化措施(2016—2017年)》《京津冀及周边地区2017年大气污染防治工作方案》等具体标准、方案,都体现了政策法规、技术标准、相关政策协同的大气污染防治政策体系在不断完善与进步。从这些政策效应评估结果来看,它们在提升环境吸收能力、能源消费总量控制和结构调整、大气环境质量改善、优化产业结构布局、形成高质量经济发展方式等方面起到了积极有效的作用。

大气污染防治政策体系的内部仍需完善和优化,特别是在大气环境质量、人民生活满意度、生态文明标准方面,仍然需要严格政策标准,持续精细化管理,形成规范化、长效化、常态化的治理效能,形成全面、系统、完整的高质量大气污染防治政策体系。需要在政策中体现调整结构,如差异化管理、资源税从价计征、发展绿色金融等;体现提质增效,如能效信贷、能效奖惩等;体现治理末端排放,如环境保护税、排污权、环境信用等,如图9-1所示。

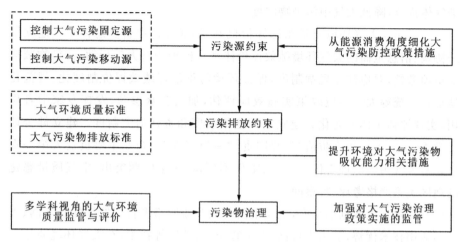

图 9-1 大气污染防治政策体系优化

推进分段分类防治政策措施。在大气污染源头控制环节,依据大气污染防治政策通过控制能源消费对大气污染防治的作用效果和研究结论,从能源消费的角度细化针对大气污染源的控制政策,有针对性地通过对各类能源消费的控制实现与之相对应的大气污染物的控制。在大气污染物排放到治理这一环节,依据环境吸收能力在大气污染防治工作中所起到的作用,选择提升环境吸收能力的相关措施,增强自然环境禀赋对大气污染物的自净能力,控制人类活动对环境吸收能力的影响。在大气污染排放治理环节,应加强对大气污染防治政策实施效应的监督,及时调整大气污染防治政策的实施方法和实施力度。分类共治各种各样的大气污染物,禁止露天焚烧生活垃圾,利用碳化脱氮技术,控制工业生产中对电镀和硝酸等的使用,减少煤炭燃烧期间 NO_x 排放量,处理固体燃料燃烧环节污染物,配备烟气二氧化硫脱硫设施等。

3. 加大大气污染防治政策落实的监管力度

一是建立国家与地方、区域与行业、部门与部门之间纵向到底与横向到边的网格化联防联控制度。加强大气污染防治监控,形成联合预警和交叉执法机制。针对重点地区领域,进行点穴式、机动式、接续式专项督察。在政策管理方面,强化顶层设计、压力驱动、重点治理、时时督查、有力问责。在政策执行方面,创新采用天上遥感、地面检查、路上巡查和公众举报组合方式。在政策实施方面,坚持规划统一、目标统一、标准统一和措施统一。开展专项行动,有效应对重污染天气,从根本上治理大气污染人为排放源头,从总量上控制污染气体排放,降低大气中污染物浓度。

二是建立大气环境质量跟踪评价机制,形成绿色评价奖惩体系。建立统一协调、信息全面的大气环境绩效评价体系。梳理清新大气行动、污染物减排等单项考核,对应建立规章制度,保证环境污染治理绩效评价制度化、规范化地运行。统筹大气环境政策实施效应评估,加大公众参与,发挥专家学者作用,实现评估主体多元化。建立定期通报制度和责任追究制度。建立健全地方党委、政府大气污染防治"党政同责""一岗双责"和企业主要负责人第一责任。对大气污染治理责任不落实、工作不到位、污染问题突出、空气质量恶化的地区实施严格考评、督察问责。

三是建立大数据信息库,构建全国互联互通网络平台。发挥好互联网、大数据应用技术优势,运用大数据、人工智能、云计算等技术,在大气环境质量监测分析、大气污染溯源、防控治理、政策效应评估等方面提供技术支撑。大气污染防治网格化综合信息平台,实现对区域大气环境质量监管全覆盖。建设大气环境质量的监测网络,利用先进的监测技术和方法,进行科学有效的大气监测,及时掌握大气污染情况,为有效治理提供第一手数据资料。针对大气污染源种类多、不同区域污染源污染物不同,发挥卫星遥感、在线监控、大数据分析、热点网格技术分析等综合治理作用。从源头解决大气环境污染的区域化问题,建立重点关注和管理台账。针对大气污染重点领域和薄弱环境制定细致化目标,全面统计分析区域大气容纳承载污染的程度,避免大气污染程度超出当地大气环境容纳限值。充分利用现代化信息技术、物联网、互联网及大数据等资源,优化整合自然资源部、生态环境部、交通运输部、住建部、气象、测绘和质检等数据信息资源,建立"数据采集、环境监测、智能分析、信息共享"多功能大气、环境数据综合平台,促进数据互联互通。

四是构建国际大气污染防治联盟,启动大气污染防治国际计划专项。自工业时代以来,以大气、水、土壤为宿主的污染问题日益严重,全球生态环境危机成为了人类共同面对的问题,保护良好生态环境、实现可持续发展已经成为各国的责任与共识。大气作为一种重要的环境资源,它所具有的流动性、扩散性的内在自然规律不会因行政区划而改变,一些未被清洁净化的大气污染物排放到大气中后,大气污染不可能仅局限于某一特定区域,会随着大气的流动扩散至其他区域,突破行政边界进行跨疆域传播,有时甚至会形成二次交叉污染。依据"个体最优不代表整体最优"原则推断,大气污染的公共性决定了区域内某个行政区或国土疆域的排污达标,当其行为不足以影响整个区域内大气污染时,区域内整体大气排污仍有可能不达标。可见,邻国、邻区的大气污染防治情况十分关键。因此,除国内行政区域之间建立协同创新体制机制外,更加重要的是从构建世界人类命运共同体的视角考虑,依托"一带一路"倡议,东盟、中日韩亚洲圈等战略合作伙伴关系,签署大气污染防治国际专项计划,共同开展大气污染防治。德国签署的《关于远距离跨境空气污染的日内瓦条约》、欧盟成员国联合中欧和东欧国家签署的《哥德堡议定书》,均是可以借鉴的国际经验模式。

9.3 具体措施与建议

依据污染防治理念与体系完善框架,结合前文研究结论,本节提出如下具体措施与建议。

1. 统筹环境吸收能力诸要素的综合治理,提升全国整体环境吸收能力水平

贯彻落实"绿水青山就是金山银山"的绿色发展理念,顺应自然、保护生态,统筹山水林田湖草沙系统治理,优化完善大气污染防治路径与措施。建立环境吸收能力要素大数据台账,把握气候变化规律,保护水资源、森林资源与湿地资源,合理规划城镇建成区和绿地面积,科学预防和应对突发环境事件,增强环境吸收能力全要素的弹性,稳定并提高环境吸收能力水平。

一要统筹山水林田湖草沙系统综合治理。山水林田湖草沙是体现环境吸收能力的各自然环境要素的系统组合,是一个生命共同体。统筹好山水林田湖草沙系统综合治理,是贯彻落实绿色发展理念、生态文明建设的重要内容,更是大气污染防治的战略举措。加强植树造林和绿化建设,通过实施天然林保护、公益林建设、新一轮退耕还林还草、退牧还草工程等,增强造林和绿化对大气污染的过滤作用,修复被破坏的绿色植被,改善自然系统和生态环境。在城市建设发展中,因地制宜,合理利用地形地势和风向等自然因素,大兴植树造林工程,通过绿化园林建设,使植被拥有吸收含尘和含污染物气体的规模效应,避免大气污染物扩散,提高大气环境质量,达到美化城市生态环境、改善人们生活品质的效果。要进一步完善天然林保护制度,结合污染源位置和污染物汇集区情况,扩大退耕还林还草面积。

二要注重发挥绿色植物在大气污染防治中的基础作用。绿色植被是天然的大气过滤器。实践证明,绿色植被经过光合作用吸收和净化大气中的颗粒,净化功能较为显著,能够有效改善区域大气环境质量,甚至达到有效治理区域大气污染的功效。同时,诸多植物的解毒力比较显著,能够分解大气中的有毒物质,促使大分子络合物形成,降低有毒有害物质的毒性。比如,种植 1hm² 柳杉林,每年可吸收 700kg 左右的 SO_2 和 30t 左右的灰尘。因此,要发挥绿色植被的作用,加大绿化建设,增加绿化面积,尽量选用对大气具有强净化作用的植物,有效控制大气污染物。

2. 转变社会经济发展和生产生活方式,实现资源节约型、环境友好型发展

一方面,推动节能减排,约束粗放型的能源消费行为,调整以煤炭为主的能源消费结构,运用先进技术手段实现清洁生产和清洁排放,减少人类活动对环境吸收能力的负面影响;另一方面,加强生态文明宣传和自然教育,强化公民环境保护意识,推行简约适度、绿色低碳的生活方式,促进人与自然和谐共生。

优化能源消费结构。在我国的能源结构分布中,石化能源占有重要的位置,也是大气污染中的重要污染源。要降低对石化能源的使用和依赖,严格控制高消耗能源,控制高污染行业对能源的消耗和排放污染物的浓度。特别要减少煤炭能源的使用,对重点地区、行业企业实行煤炭消费总量控制,化解钢铁、煤炭、煤电过剩产能,进行燃煤发电机组、钢铁企业等超低排放技术改造,实现煤炭集中使用、清洁利用,增强消费减量替代和清洁高效利用。

开发新型清洁能源。除使用石油液化气、煤气、天然气等清洁度更高的能源外,开发使用太阳能、水能、风能、潮汐能和地热能等新能源和清洁能源,逐步提高清洁能源在能源消费结构中的占比。大力发展低耗能产业,推动低碳经济发展,不断优化能源消费结构。健全天然气、电等供应系统,加大光伏和风能等新能源设备的研发使用,发展非电行业 VOCs 烟气超低排放市场。进一步减少化石能源消费占一次能源消费的比重。

统筹规划城市生活与生产。生活与生产平衡发展是大气污染防治的根本。城市是大气污染防治的重点区域。居民生活质量提升和生产企业升级转型是大气污染防治工作的有效途径。结合城市气候、地理条件,因地制宜地建立一个适合当地可持续发展的战略,构建大气污染的治理标准、大气污染治理方案和城市大气污染防治目标一体化设计体系。在城市空间布局与使用功能规划中,全方位掌握各区域的污染排放种类、时间、空间分布和数量,综合分析

第9章　大气污染防治政策优化建议

城市污染物的来源及其产生、排放和发展的规律,科学合理地规划生活区域与生产工业区域。统筹考虑城市建设项目带来的经济效益和对大气环境质量的影响,实现经济效益和环境质量共赢。为了降低大气污染物的排放,应对生产单位机构进行科学规划,对高污染和高消耗的产业进行淘汰、整体迁移或能源系统改造,不断促进产业升级。优化调整第二、第三产业的占比,鼓励第三产业的发展,增加第三产业的比重。

3. 构建区域协同共治机制,推动大气污染综合治理

实行"一省一策",创新联防联控"网格化"环境治理新路径。针对各情景下自然条件禀赋和社会经济发展的异质性,因时因地制宜,寻求各省 $PM_{2.5}$ 治理措施,实施生态坏境优化、治理和修复。在可持续情景下的地区,优化生态生活生产环境,实现自然环境对大气污染的吸收能力最大化;在紧急情景下的地区,严守生态红线,扩大植树造林,加大园林绿化,改善自然生态系统,加强生态环境治理;在 Soylent Green 悲观情景下的地区,合理利用当地地形地势和风向等自然因素,大力修复被破坏的绿色植被,扩大退耕退牧还林还草面积,注重湿地保护。同时,大力推进对环境情景差异较大的相邻地区的大气污染联防联控、协同共治。

《大气污染防治行动计划》的实施重点针对污染防治涉及的关键领域和薄弱环节,效果显著,大气环境质量得到了明显改善,人民群众的幸福感明显提升。坚持"全民共治、源头防治"是党的十九大报告对打赢蓝天保卫战提出的指导性要求。大气污染的累积性、系统性与复杂性决定了治理大气污染不可能短期内解决所有问题,也不是单靠政府部门出政策发文件就能根本解决,必须联防联控、共同防治、综合治理。大气污染防治工作需要"组合拳",除前面的对策建议外,还应在区域协同共治、专业人才队伍建设、自然环保宣传教育等方面下功夫。

4. 加强自然教育,提高全民大气环保质量意识

自然教育就是要培育人对自然的态度、人与自然打交道的能力,让人们珍惜自然资源、保护生态环境、爱护地球家园。要通过普及自然教育,培育人们热爱自然、善待自然的生态伦理观,唤醒人们正确审视人与自然的关系。通过认识自然、热爱自然、敬畏自然,做到尊重自然、顺从自然、利用自然,维系自身与大自然相互依存、共生伴生的和谐关系。依托各国独特的大气环境现象和自然资源优势,如人文馆藏、世界自然公园和野外观测基地等,建设开放式国际自然教育基地,讲好人与自然的美好故事,强化人类命运共同体共识,践行人与自然和谐共生真知(李琳,2019)。

加强环境保护新理念、新知识宣传。加大环保知识的宣传与普及力度,积极引导人们从生产生活中正确认识大气污染防治的紧迫性,认识当下保护生态环境、治理环境污染的艰巨性,进而从思想层面认识到加强生态文明建设的重要性,在发展经济中考虑环境承受能力,在日常生活中时刻保护大气环境。充分利用高速发展的信息技术手段开展大气环境保护知识的传播,正确处理经济利润与大气环境质量的关系,对环境污染治理与生态环境建设保持高度负责的态度,创造良好的生产生活环境。保护大气环境是每个人的责任,在对大气污染的治理过程中,应动员全民参与到大气污染防治、大气环境质量保护中去,养成良好的生产生活习惯。

第 10 章　结论与展望

10.1　结　论

本书围绕环境吸收能力作用下的大气污染防治政策效应评估与影响机制研究主题,从理论分析与实证分析两方面出发,全面回顾梳理我国大气污染防治政策演变的规律及特征,融合污染控制经济学理论、环境约束理论等,采用经典稳健的方法,测算环境吸收能力,探讨环境吸收能力与大气污染物的相关性,构建大气污染防治政策效应评估模型探讨大气污染防治政策的作用效应和影响机制,并基于分析结果,提出优化创新大气污染防治政策的具体措施与建议。通过前面章节的研究,研究得出以下结论。

第一,中国大气污染防治政策正处在逐步完善的过程之中,有很大的优化空间。我国大气污染防治政策不断向体系化、制度化的方向推进,逐步实现由单一型向复合型、碎片化向综合化、区域性向全国协同共治、被动治理向主动防控的转型。在大气污染防治过程中,能源消费约束的工作重心发生了转移,污染排放标准也随经济社会发展和技术进步不断调整,后期治理统筹了多方治理路径,全方位保障大气污染全过程防治效果。

第二,环境对大气污染物的吸收能力在大气污染治理过程中,是不容忽视的一个过程。环境吸收能力体现了自然环境与人类活动环境所营造的政策实施效果辅助作用机制。环境吸收能力越高,所带来的政策实施效果越好,对各类大气污染物排放的控制和浓度的降低起到积极的作用。

第三,政府在新一轮规划中对前期环境政策实施效果的评价多为肯定的。从政府评价层面的大气污染防治政策效应发现,各地区、各部门在节能减排、调整经济结构、转变经济发展方式的工作中取得了显著的成效。"十三五"期间,大气污染防治工作在目标指标的落实上初见成效,但环境空气质量改善仍旧是一项艰巨的任务。对重点区域的季节性大气污染防治方案实施效果并不理想,多条政策中明确指出,环境质量有所改善,但成效并不稳定。

第四,根据PSM-DID模型评估结果,认为《大气污染防治行动计划》的实施对大气污染物浓度和排放量的降低有显著的影响,但政策发挥作用的时间有限。为了保证大气污染防治政策作用的持续有效,对区域性大气污染防治政策实施效应可以采取跟踪评估的方式,逐年对政策进行工作任务的细化与目标调整。

第五,经对大气污染防治政策效应影响机制分析的研究发现,能源消费约束的变化对不同大气污染物治理效应的影响呈现差异化。首先,同一大气污染物治理效果来源于不同能源消费因素的变化,不同的能源消费因素会对不同类型的大气污染物治理产生影响。其次,依据模型的估计量检验结果,不同能源消费因素的约束对各类大气污染物治理程度不同。

第六,在大气污染治理政策优化路径的探索上,建议从大气污染全过程的不同环节入手进行政策的优化。环境约束依据大气污染控制过程,对污染来源、污染排放和污染治理三个环节进行约束,有利于横向优化完善,形成全方位的环境约束体系。为更好的配合大气污染治理体系的优化,提出：需完善法律法规保障；加大政府的监管力度；创新大气环境质量评价的方式；建立问题清单,定期开展大气污染治理专项活动；加强新时代生态环保队伍建设；加强环境保护法律法规宣传教育,树立全民环保意识等建议。

10.2 展 望

大气污染防治是当下热门的研究话题,对大气污染防治政策的优化是保证大气污染防治工作顺利进行的重要途径,相关大气污染防治政策的研究视角、方法、结论也在不断地发展和完善之中。本书对大气污染防治政策颁布实施后的效应进行了逐期评价,并从能源消费视角和环境吸收能力视角对大气污染防治政策执行效应及影响机制进行了分析。然而,结合所用的数据、方法与研究结论,本书仍有可拓展的空间,主要体现在以下几个方面。

一是研究问题与研究对象的进一步深入和细化。本书在探讨大气污染防治政策执行动力机制过程中,从能源消费的总量、强度和结构等多方面对多种大气污染物的影响进行了比对,所得出的差异性结论是完善大气污染防治政策内容的有力依据。在进一步的研究中，大气污染防治政策中涉及的重点区域、重点行业、重点能源的要素，以及各项重点要素的交叉影响，均是政策评价研究中值得探讨的问题。

二是数据来源渠道的多元化与指标测算的精确度有待改进。由于评估模型中有多个变量代表地区间经济社会发展和科技水平等因素，从样本量频率和维度一致的角度，选取了以年为时间单位、以省区市为区域单位的面板数据，使得 $PM_{2.5}$ 浓度数据解析也与面板数据维度一致，忽略了其中的季节因素、月度因素等必要的大气污染防治政策相关因素。同时，由于环境吸收能力与环境承载力、环境容量等概念的差异性，不能简单地以现有的环境承载力、环境容量指数代表，又因其与人类活动的相关性，也不能简单以大气自净能力指数作为替代，环境吸收能力的测算结果仍停留在各年各省域的维度，从学科交叉角度和多个维度衡量环境各要素对各类大气污染物的吸收能力是重要的。因此，通过拓展数据来源的渠道来提高指标测算的精确度、充实模型研究结论，是未来可攻的方向。

三是复杂环境下的政策评价拓展研究。大气环境质量是由诸多因素决定的，而这些因素又都是由经济社会发展和科学技术水平提高所决定的。大气污染物的扩散和暴露与地球物理、气象、交通、规划等因素相关。在这种复杂的情况下，执行大气污染防治政策，制定大气环境质量标准、大气污染物排放标准，从多角度对大气污染相关因素进行约束是十分重要的。然而，一项良好的和连贯的大气污染防治政策不可能涵盖复杂环境下的所有因素。随着人类社会的不断进步，大气环境所面临的问题也愈渐复杂，影响大气环境质量的因素不可能全都被考虑进同一政策中，这是大气污染政策本身的局限性。目前学者所选取的视角、方法均是对假设不相干的因素予以控制，减少影响政策执行中因素的复杂性，突出某一项因素在政策一致性和连贯性中的作用，解决政策存在的部分问题，本书所做的工作与这一类研究的本质相同。因此，在今后的研究中，全面地对政策执行各方面因素进行考量，将复杂环境中的多个要素涵盖进政策体系之中，形成有执行效力的网格化政策体系是未来政策评价与优化的必然趋势。

主要参考文献

鲍自然,2012.影响中国环境政策执行效果的因素分析[D].北京:中国人民大学.

包群,邵敏,杨大利,2013.环境管制抑制了污染排放吗?[J].经济研究,48(12):42-54.

曹静,王鑫,钟笑寒,2014.现行政策是否改善了北京市的空气质量?[J].经济学(季刊),13(3):1091-1126.

陈志洁,黄玉源,杨慧纳,等,2018.植物对 $PM_{2.5}$ 吸收净化能力的污染试验研究[J].环境与可持续发展,43(5):133-138.

蒂坦伯格,刘易斯,2011.环境与自然资源经济学[M].王晓霞,杨鹏,石磊,等译.北京:人民大学出版社.

封志明,李鹏,2018.承载力概念的源起与发展:基于资源环境视角的讨论[J].自然资源学报,33(9):1475-1489.

冯贵霞,2016.中国大气污染防治政策变迁的逻辑[D].济南:山东大学.

傅伯杰,马克明,1998.中国的环境政策效应与污染治理效果分析[J].环境科学(3):93-95.

高彩艳,连素琴,牛书文,等,2014.中国西部三城市工业能源消费与大气污染现状[J].兰州大学学报(自然科学版),50(2):240-244.

高鹭,张宏业,2007.生态承载力的国内外研究进展[J].中国人口·资源与环境(2):19-26.

高萍,樊勇,2009.我国污染排放税设立的必要性与制度设计[J].税务研究(4):38-42.

韩峰,谢赤,孙柏,2011.基于Ⅳ-GARCH 模型的外汇干预有效性实证研究[J].金融研究(6):71-85.

郝亮,王毅,苏利阳,等,2016.基于倡导联盟视角的中国大气污染防治政策演变机理分析[J].中国地质大学学报(社会科学版),16(1):34-43,170.

黄清子,张立,李敏,2019.元治理视域下大气污染防治的政策框架及工具优化[J].中国人口·资源与环境,29(1):126-134.

黄贤金,周艳,2018.资源环境承载力研究方法综述[J].中国环境管理,10(6):36-42,54.

黄玉源,温海洋,杨慧纳,等,2017.植物群落结构与吸收和消减$PM_{2.5}$能力关系研究[C]//中国环境科学学会.2017中国环境科学学会科学与技术年会论文集.北京:中国学术期刊(光盘版)电子杂志社有限公司:823-835.

纪建悦,于晓黎,方景清,2009.能源消耗对环境污染的冲击响应模式分析:基于青岛市的实证研究[J].科技管理研究(10):162-164.

季静,王罡,杜希龙,等,2013.京津冀地区植物对灰霾空气中$PM_{2.5}$等细颗粒物吸附能力分析[J].中国科学:生命科学,43(8):694-699.

姜磊,季民河,2011.中国区域能源压力的空间差异分析:基于STIRPAT模型[J].财经科学(4):64-70.

蒋洪强,王金南,葛察忠,2008.中国污染控制政策的评估及展望[J].环境保护(12):15-19.

李程宇,2015.《京都》15年后:分阶段减排政策与"绿色悖论"问题[J].中国人口·资源与环境,25(1):1-8.

李浩然,2018."大气十条"实施对空气质量的影响[D].武汉:武汉大学.

李琳,2019.推动长江经济带绿色发展[N].光明日报,2019-07-04(4).

李琳,成金华,孙涵,2018.基于STIRPAT模型的中国典型城市群居民生活用电比较[J].中国石油大学学报(社会科学版),34(6):29-35.

李琦,韩亚芬,陈建永,2010.基于STIRPAT模型的中国能源足迹的区域差异分析[J].安徽农业科学,38(24):13283-13284,13314.

李树,陈刚,2013.环境管制与生产率增长:以APPCL2000的修订为例[J].经济研究(1):17-31.

李延宏,王瑛瑛,2017.大气环境容量计算方法a值法的修正探讨[J].青海环境,27(2):95-97.

李永友,沈坤荣,2008.我国污染控制政策的减排效果:基于省际工业污染数据的实证分析[J].管理世界(7):7-17.

林伯强,姚昕,刘希颖,2010.节能和碳排放约束下中国能源结构战略调整[J].中国社会科学(1):58-71.

刘伯龙,袁晓玲,2015.中国省际环境质量动态综合评价及收敛性分析:1996—2012[J].西安交通大学学报(社会科学版),35(4):32-40.

刘伟,李虹,2014.中国煤炭补贴改革与二氧化碳减排效应研究[J].经济研究(8):146-157.

刘文政,朱瑾,2017.资源环境承载力研究进展:基于地理学综合研究的视角[J].中国人口·资源与环境,27(6):75-86.

刘晓红,江可申,2016.环境规制、能源消费结构与雾霾:基于省际面板数据的实证检验[J].国土资源科技管理,33(1):59-65.

卢亚灵,刘年磊,程曦,等,2017.京津冀区域大气环境承载力监测预警研究[J].中国人口·资源与环境,27(S1):36-40.

卢忠宝,2010.环境约束下的中国经济可持续增长研究[D].武汉:华中科技大学.

鲁洋,李小港,熊忆茗,等,2019.基于修正a值法评估率水流域大气环境容量及其敏感性分析[J].复旦学报(自然科学版),58(5):642-651.

罗知,李浩然,2018."大气十条"政策的实施对空气质量的影响[J].中国工业经济(9):136-154.

马国霞,於方,张衍燊,等,2019.《大气污染防治行动计划》实施效果评估及其对我国人均预期寿命的影响[J].环境科学研究,32(12):1966-1972.

马丽梅,张晓,2014.中国雾霾污染的空间效应及经济、能源结构影响[J].中国工业经济(4):19-31.

宁亚东,李宏亮,2016.我国移动源主要大气污染物排放量的估算[J].环境工程学报,10(8):4435-4444.

片山幸士,1984.森林在净化环境中的作用[J].江苏林业科技(2):53-55.

邱立新,雷仲敏,周田君,2006.中国能源结构优化的多目标决策[J].青岛科技大学学报(社会科学版)(3):49-54.

邱兆祥,刘帅,2013.机动车限行对北京市空气污染指数的影响[J].经济研究参考(11):70-73,76.

曲欣,2019.减排政策执行进度的影响因素研究[D].厦门:华侨大学.

屈小娥,2017.中国环境质量的区域差异及影响因素:基于省际面板数据的实证分析[J].华东经济管理,31(2):57-65.

邵帅,杨莉莉,黄涛,2013.能源回弹效应的理论模型与中国经验[J].经济研究(2):96-109.

沈坤荣,金刚,2018.中国地方政府环境治理的政策效应:基于"河长制"演进的研究[J].中国社会科学(5):92-115,206.

沈满洪,2012.生态文明建设与区域经济协调发展战略研究[M].北京:科学出版社.

沈能,2012.环境效率、行业异质性与最优规制强度:中国工业行业面板数据的非线性检验[J].中国工业经济(3):56-68.

石敏俊,李元杰,张晓玲,等,2017.基于环境承载力的京津冀雾霾治理政策效果评估[J].中国人口·资源与环境,27(9):66-75.

宋马林,王舒鸿,2013.环境规制、技术进步与经济增长[J].经济研究(3):122-134.

孙坤鑫,2017.机动车排放标准的雾霾治理效果研究:基于断点回归设计的分析[J].软科学,31(11):93-97.

涂红星,肖序,2013.环境管制会影响公司绩效吗?——以中国6大水污染密集型行业为例[J].财经论丛,174(5):112-116.

王红梅,王振杰,2016.环境治理政策工具比较和选择:以北京$PM_{2.5}$治理为例[J].中国行政管理(8):126-131.

王立猛,何康林,2008.基于STIRPAT模型的环境压力空间差异分析:以能源消费为例[J].环境科学学报(5):1032-1037.

王书斌,徐盈之,2015.环境规制与雾霾脱钩效应:基于企业投资偏好的视角[J].中国工业经济(4):18-29.

王延杰,2015.京津冀治理大气污染的财政金融政策协同配合[J].经济与管理,29(1):13-18.

王韵杰,张少君,郝吉明,2019.中国大气污染治理:进展·挑战·路径[J].环境科学研究,32(10):1755-1762.

魏巍贤,马喜立,2015.能源结构调整与雾霾治理的最优政策选择[J].中国人口·资源与环境,25(7):6-14.

魏下海,2009.贸易开放、人力资本与中国全要素生产率:基于分位数回归方法的经验研究[J].数量经济技术经济研究(7):61-71.

吴荻,武春友,2006.建国以来中国环境政策的演进分析[J].大连理工大学学报(社会科学版)(4):48-52.

吴柳芬,洪大用,2015.中国环境政策制定过程中的公众参与和政府决策:以雾霾治理政策制定为例的一种分析[J].南京工业大学学报(社会科学版),14(2):55-62.

武卫玲,薛文博,王燕丽,等,2019.《大气污染防治行动计划》实施的环境健康效果评估[J].环境科学,40(7):2961-2966.

席鹏辉,梁若冰,2015.空气污染对地方环保投入的影响:基于多断点回归设计[J].统计研究,32(9):76-83.

向堃,朱德勇,2015.中国省域$PM_{2.5}$污染的空间实证研究[J].中国人口·资源与环境(9):153-159.

肖杨,毛显强,马根慧,等,2008.基于ADMS和线性规划的区域大气环境容量测算[J].环境科学研究(3):13-16.

谢元博,李巍,2013.基于能源消费情景模拟的北京市主要大气污染物和温室气体协同减排研究[J].环境科学,34(5):2058-2064.

徐大海,王郁,朱蓉,2016.大气环境容量系数A值频率曲线拟合及其应用[J].中国环境科学,36(10):2913-2922.

徐中民,程国栋,2000.运用多目标决策分析技术研究黑河流域中游水资源承载力[J].兰州大学学报(自然科学版),36(2):122-132.

薛涛,刘俊,张强,等,2020.2013~2017年中国$PM_{2.5}$污染的快速改善及其健康效益[J].中国科学:地球科学,50(4):441-452.

薛文博,付飞,王金南,等,2014.基于全国城市$PM_{2.5}$达标约束的大气环境容量模拟[J].中国环境科学,34(10):2490-2496.

薛文博,武卫玲,付飞,等,2016.中国煤炭消费对$PM_{2.5}$污染的影响研究[J].中国环境管理,8(2):94-98.

杨洪刚,2009.中国环境政策工具的实施效果及其选择研究[D].上海:复旦大学.

杨斯悦,王凤,刘娜,2020.《大气污染防治行动计划》实施效果评估:双重差分法[J].中国人口·资源与环境,30(5):110-117.

叶祥松,彭良燕,2011.我国环境规制下的规制效率与全要素生产率研究:1999—2008[J].财贸经济(2):102-109.

尹稚祯,何秉宇,陈瑞,2018.工业园区SO_2大气环境容量时间变化特征分析[J].新疆大学学报(自然科学版),35(4):522-527.

于彩霞,邓学良,石春娥,等,2018.降水和风对大气$PM_{2.5}$、PM_{10}的清除作用分析[J].环境科学学报,38(12):4620-4629.

余永泽,杜晓芬,2013.经济发展、政府激励约束与节能减排效率的门槛效应研究[J].中国人口·资源与环境,23(7):93-99.

袁晓玲,邸勍,李朝鹏,2019.中国环境质量的时空格局及影响因素研究:基于污染和吸收两个视角[J].长江流域资源与环境,28(9):2165-2176.

原毅军,苗颖,谢荣辉,2016.环境规制绩效及其影响因素的实证分析[J].工业技术经济(1):92-97.

原毅军,谢荣辉,2014.环境规制的产业结构调整效应研究:基于中国省级面板数据的实证研究[J].中国工业经济(8):57-69.

张德强,褚国伟,余清发,等,2003.园林绿化植物对大气二氧化硫和氟化物污染的净化能力及修复功能[J].热带亚热带植物学报(4):336-340.

张红凤,周峰,杨慧,等,2009.环境保护与经济发展双赢的规制绩效实证分析[J].经济研究,44(3):14-26,67.

张华,2014."绿色悖论"之谜:地方政府竞争视角的解读[J].财经研究,40(12):114-127.

张慧勤,赵晓东,王秋玲,1991.我国能源结构与大气环境污染[J].环境科学研究(6):50-54.

张俊,2016.环境规制是否改善了北京市的空气质量:基于合成控制法的研究[J].财经论丛(6):104-112.

张坤民,2015.中国环保工作回顾、进展与展望[J].华中科技大学学报(社会科学版),29(4):3-4.

张萍,农麟,韩静宇,2017.迈向复合型环境治理:我国环境政策的演变、发展与转型分析[J].中国地质大学学报(社会科学版),17(6):105-116.

张天宇,张丹,王勇,等,2019.1951—2018年重庆主城区大气自净能力变化特征分析[J].高原气象,38(4):901-910.

张天悦,2014.环境规制的绿色创新激励研究[D].北京:中国社会科学院.

张伟,吴文元,2011.基于环境绩效的长三角都市圈全要素能源效率研究[J].经济研究(10):95-109.

张文静,2016.大气污染与能源消费、经济增长的关系研究[J].中国人口·资源与环境,26(11):57-60.

张永安,邬龙,2015.基于政策计量分析的我国大气污染治理现状研究[J].生产力研究(1):122-126.

张友国,郑玉歆,2014.碳强度约束的宏观效应和结构效应[J].中国工业经济(6):57-69.

张羽,张振明,杨汀昱,等,2019. 近地表不同下垫面大气颗粒物浓度变化特征[J]. 环境工程,39(增刊):595-599.

赵立祥,赵蓉,2019. 经济增长、能源强度与大气污染的关系研究[J]. 软科学,33(6):60-66,78.

赵如煜,2019. 环境规制政策效应测度研究[D]. 杭州:浙江财经大学.

赵新峰,袁宗威,2014. 京津冀区域政府间大气污染治理政策协调问题研究[J]. 中国行政管理(11):18-23.

郑石明,罗凯方,2017. 大气污染治理效率与环境政策工具选择:基于29个省市的经验证据[J]. 中国软科学(9):184-192.

周杰琦,梁文光,张莹,等,2019. 外商直接投资、环境规制与雾霾污染:理论分析与来自中国的经验[J]. 北京理工大学学报(社会科学版),21(1):37-49.

周肖肖,丰超,魏晓平,2015. 环境规制与化石能源消耗:技术进步和结构变迁视角[J]. 中国人口·资源与环境,25(12):35-44.

周杨,罗彬,杨文文,等,2020. 基于2012-2018年内江市$PM_{2.5}$化学组分变化对《大气污染防治行动计划》实施效果的评估[J]. 环境科学研究,33(3):563-571.

ANDERSON J,2017. What is the difference between air pollution and greenhouse gas emissions? [EB/OL] (2017-05-31)[2019-02-04]. https://www.safeopedia.com/7/4112/environmental-health-safety-ehs/what-is-the-difference-between-air-pollution-and-greenhouse-gas-emissions.

AKHMAT G,ZAMAN K,SHUKUI T,et al.,2014. The challenges of reducing greenhouse gas emissions and air pollution through energy sources:evidence from a panel of developed countries[J]. Environmental Science and Pollution Research,21(12):7425-7435.

ALBRECHTA J,FRAN-COISA D,SCHOORS K,2002. A Shapley decomposition of carbon emissions without residuals[J]. Energy Policy(30):727-736.

ALVAREZ-HERRANZ A,BALSALOBRE-LORENTE D,SHAHBAZ M,2017. Energy innovation and renewable energy consumption in the correction of air pollution levels[J]. Energy Policy,105(3):386-397.

主要参考文献

ANGELIKI N, MENEGAKI, 2011. Growth and renewable energy in Europe: a random effect model with evidence for neutrality hypothesis[J]. Energy Economics, 33(2): 257-263.

ARROW K, BOLIN B, COSTANZA R, et al. , 1995. Economic growth, carrying capacity, and the environment[J]. Science, 268(5210): 520-521.

AUFFHAMMER M, KELLOGG R, 2011. Clearing the air? The effects of gasoline content regulation on air quality[J]. American Economic Review, 101(6): 2687-2722.

BI G B, SONG W, ZHOU P, et al. , 2014. Does environmental regulation affect energy efficiency in China's thermal power generation? Empirical evidence from a slacks-based DEA model[J]. Energy Policy(66): 537-546.

BILGILI F, KOÇAK E, BULUT Ü, 2016. The dynamic impact of renewable energy consumption on CO_2 emissions: a revisited environmental Kuznets curve approach[J]. Renewable and Sustainable Energy Reviews, 54: 838-845.

CABRALES A, GOSSNER O, SERRANO R, 2013. Entropy and the value of information for investors[J]. American Economic Review, 103(1): 360-377.

CAIRNS R D, 2014. The green paradox of the economics of exhaustible resources[J]. Energy Policy(65): 78-85.

CAMPBELL D E, 1998. Emergy analysis of human carrying capacity and regional sustainability: an example using the state of Maine [J]. Environmental Monitoring and Assessment, 51(1/2): 531-569.

CHAKRAVORTY U, LEACH A, MOREAUX M, 2012. Cycles in non-renewable resource prices with pollution and learning-by-doing[J]. Journal of Economic Dynamics & Control, 36: 1448-1461.

CHEN Y Y, EBENSTEIN A, GREENSTONE M, et al. , 2013. Evidence on the impact of sustained exposure to air pollution on life expectancy from China's Huai River policy[J]. PNAS, 110 (32): 12936-12941.

CHENG Z H, LI L S, LIU J, 2017. Identifying the spatial effects and driving factors of urban $PM_{2.5}$ pollution in China[J]. Ecological Indicators, 82: 61-75.

COLE M A, ELLIOTT R J, ZHANG J, 2011. Growth, foreign direct investment, and the environment: evidence from Chinese cities[J]. Journal of Regional Science, 51(1):121-138.

DASGUPTA P, MALER K G, 2004. Environmental and resource economics: some recent developments[R]. Special Issue, SANDEE Working Paper No. 7-04. Kathmandu, Nepal: South Asian Network for Development and Environmental Economics.

DAVIS L W, 2008. The effect of driving restrictions on air quality in Mexico City[J]. Journal of Political Economy, 116(1):38-81.

DEHEJIA R, WAHBA S, 2002. Propensity Score-matching methods for nonexperimental causal studies[J]. The Review of Economics and Statistics, 84(1):151-161.

DESCHENES O, GREENSTONE M, SHAPIRO J S, 2017. Defensive Investments and the demand for air quality: evidence from the NO_x budget program[J]. American Economic Review, 107(10):2958-2989.

DONG Z Q, HE Y D, WANG H, 2019. Dynamic effect retest of R&D subsidies policies of China's auto industry on directed technological change and environmental quality[J]. Journal of Cleaner Production, 231:196-206.

EHRLICH P R, HOLDRENS J P, 1971. The impact of population growth[J]. Science, 171:1212-1217.

ELI F, YAKIR P, DAFNA M D, 2001. Recycled effluent: should the Polluter Pay[J]. American Journal of Agricultural Economics, 83(4):958-971.

FAO, 1982. Potential population supporting capacities of lands in the developing world[R]. Rome: Food and Agriculture Organization of the United Nations.

GONG X, MI J N, YANG R T, et al., 2018. Chinese national air protection policy development: a policy network theory analysis[J/OL]. International Journal of Environmental Research and Public Health, 15(10):2257(2018-10-15)[2021-10-20]. https://www.scienceopen.com/document_file/2d18a4d5-f7ac-4cd4-b5d2-d9937548fe75/PubMedCentral/2d18a4d5-f7ac-4cd4-b5d2-d9937548fe75.pdf. DOI:10.3390/ijerph15102257.

GRAFTON R Q, KOMPAS T, LONG N V, 2012. Substitution between biofuels and fossil fuels: is there a green paradox? [J]. Journal of Environmental Economics and Management, (64): 328 – 341.

GREENSTONE M, HANNA R, 2014. Environmental regulations, air and water pollution, and infant mortality in India[J]. American Economic Review, 104(10): 3038 – 3072.

GREENSTONE M, 2002. The impacts of environmental regulations on industrial activity: evidence from the 1970 and 1977 Clean Air Act Amendments and the census of manufactures[J]. Journal of Political Economy, 110(6): 1175 – 1219.

GRIMAUD A, ROUGE L, 2005. Polluting non – renewable resources, innovation and growth: welfare and environmental policy[J]. Resources and Energy Economics, 27: 109 – 129.

GROTE M, WILLIAMS I, PRESTON J, et al., 2016. Including congestion effects in urban road traffic CO_2 emissions modelling: do local government authorities have the right options? [J]. Transportation Research Part D: Transport and Environment, 43: 95 – 106.

GUAN D B, SU X, ZHANG Q, et al., 2014. The socioeconomic drivers of China's primary $PM_{2.5}$ emissions[J/OL]. Environmental Research Letters, 9(2): 024010 [2021 – 12 – 20]. https://doi.org/10.1088/1748 – 9326/9/2/024010.

HANLEY N D, GREGOR P G, SWALES J K, et al., 2006. The impact of a stimulus to energy efficiency on the economy and the environment: a regional computable general equilibrium analysis[J]. Renewable Energy, 31(2): 161 – 171.

HAO Y, LIU Y M, 2016. The influential factors of urban $PM_{2.5}$ concentrations in China: a spatial econometric analysis[J]. Journal of Cleaner Production, 112: 1443 – 1453.

HAO Y, PENG H, TEMULUN T, et al., 2018. How harmful is air pollution to economic development? New evidence from $PM_{2.5}$ concentrations of Chinese cities[J]. Journal of Cleaner Production, 172: 743 – 757.

HARRISON A E, HYMAN B, MARTIM L A, et al. , 2015. When do firms go green? Comparing price incentives with command and control regulations in India[R]. NBER Working Paper. [2019 - 10 - 20]. http://www.nber.org/papers/w21763.

HECKMAN J J, ICHIMURA H, TODD P E, 1997. Matching as an econometric evaluation estimator: evidence from evaluating a job training programme[J]. The Review of Economic Studies, 64(4): 605 - 654.

HECKMAN J J, ROBB R, 1986. Alternative methods for solving the problem of selection bias in evaluating the impact of treatments on outcomes [M]. New York: Springer.

HERING L, PONCET S, 2014. Environmental policy and exports: evidence from Chinese cities[J]. Journal of Environmental Economics and Management, 68(2): 296 - 318.

HETTIGE H, MANI M, WHEELER D, 2000. Industrial pollution in economic development: the environmental Kuznets curve revisited[J]. Journal of Development Economics, 62(2): 445 - 476.

HOEL M, JENSEN S, 2012. Cuttingcosts of catching carbon - intertemporal effects under imperfect climate policy[J]. Resource and Energy Economics, 34(4): 680 - 695.

HUYNH C M, HOANG H H, 2019. Foreign direct investment and air pollution in Asian countries: does institutional quality matter? [J]. Applied Economics Letters, 26(17): 1388 - 1392.

JALIL A, FERIDUN M, 2011. The impact of growth, energy and financial development on the environment in China: a cointegration analysis[J]. Energy Economics, 33(2): 284 - 291.

JEFFERSON G, TANAKA S, YIN W, 2013. Environmental Regulation and Industrial Performance: evidence from unexpected externalities in China [R/OL]. SSRN Working Papers. (2013 - 02 - 01)[2019 - 05 - 27]. http://dx.doi.org/10.2139/ssrn.2216220.

JIN Q, FANG X Y, WEN B, et al. , 2017. Spatio - temporal variations of $PM_{2.5}$ emission in China from 2005 to 2014[J]. Chemosphere, 183: 429 - 436.

JIN Y, ANDERSSON H, ZHANG S Q, 2016. Air pollution control policies in China:a retrospective and prospects[J/OL]. International Journal of Environmental Research and Public Health,13(12):1219 [2021-12-25]. https://doi.org/10.3390/ijerph13121219.

JOWSEY E,2009. Economic aspects of natural resource exploitation[J]. International Journal of Sustainable Development & World Ecology,5(16): 303-307.

KHAN M M, ZAMAN K, IRFAN D, et al., 2016. Triangular relationship among energy consumption, air pollution and water resource in Pakistan[J]. Journal of Cleaner Production,112(2):1375-1385.

KINNON M M,ZHU S P,CARRERAS-SOSPEDRA M,et al.,2019. Considering future regional air quality impacts of the transportation sector[J]. Energy Policy,124:63-80.

KRANTKRAEMER J A,1985. Optimal growth,resource amenities,and the preservation of natural environments[J]. Review of Economic Studies, 52:153-170.

LAFFONT J, TIROLE J, 1991. The politics of government decision-making: a theory of regulatory capture [J]. The Quarterly Journal of Economics,106(4):1089-1127.

LANE M, 2010. The carrying capacity imperative: assessing regional carrying capacity methodologies for sustainable land-use planning[J]. Land Use Policy,27(4):1038-1045.

LANOIE P, PATRY M, LAJEUNESSE R, 2008. Environmental regulation and productivity: testing the Porter hypothesis [J]. Journal of Productivity Analysis,30(2):121-128.

LEE D S, CARD D, 2008. Regression discontinuity inference with specification error[J]. Journal of Econometrics,142(2):655-674.

LELIEVELD J,EVANS J S,FNAIS M,et al.,2015. The contribution of outdoor air pollution sources to premature mortality on a global scale[J]. Nature,525(7569):367-371.

LEONTIEF W W,FORD D,1972. Air pollution and the economic structure: empirical results of input-output computations[C]//BRODY A,CARTER A P.

Input – output techniques: proceedings of the Fifth International Conference on Input – Output Techniques, Geneva, January, 1971. Amsterdam: North – Holland: 9 – 23.

LI G Q, HE Q, SHAO S, et al. , 2018. Environmental non – governmental organizations and urban environmental governance: evidence from China[J]. Journal of Environmental Management, 206: 1296 – 1307.

LIU J K, YAN G X, WU Y N, et al. , 2018. Wetlands with greater degree of urbanization improve $PM_{2.5}$ removal efficiency[J]. Chemosphere, 207: 601 – 611.

LORENTE D B, ÁLVAREZ – HERRANZ A, 2016. Economic growth and energy regulation in the environmental Kuznets curve[J]. Environmental Science and Pollution Research, 23(16): 16478 – 16494.

LUECHINGER S, 2014. Air pollution and infant mortality: a natural experiment from power plant desulfurization [J]. Journal of Health Economics, 37: 219 – 231.

MAGAT W A, VISCUSI W K, 1990. Effectiveness of the EPA's regulatory enforcement: the case of industrial effluent standards[J]. The Journal of Law & Economics, 33(2): 331 – 360.

MA Z W, LIU R Y, LIU Y, et al. , 2019. Effects of air pollution control policies on $PM_{2.5}$ pollution improvement in China from 2005 to 2017: a satellite based perspective[J]. Atmospheric Chemistry and Physics Discussions, 19 (10): 6861 – 6877.

MILLER R E, BLAIR P D, 1985. Input – output analysis: foundations and extentions[M]. Englewood Cliffs, NJ: Prentice – Hall, Inc.

OUARDIGHI F E, BENCHEKROUN H, GRASS D, 2014. Controlling pollution and environmental absorption capacity[J]. Annals of Operations Research, 220: 111 – 133.

PARIKH J, SHUKLA V, 1995. Urbanization, energy use and greenhouse effects in economic development: results from a cross – national study of developing countries[J]. Global Environmental Change, 5(2): 87 – 103.

PARK R E, BURGESS E W, 1921. Introduction to the science of sociology[M]. Chicago: The University of Chicago Press.

PARZEN E, 2004. Quantile probability and statistical data modeling[J]. Statistical Science, 19(4):652-662.

PEIKES D N, MORENO L, ORZOL S M, 2008. Propensity score matching: a note of caution for evaluators of social programs[J]. The American Statistician(3):222-231.

PELTZMAN S, 1976. Toward a more general theory of regulation[J]. The Journal of Law & Economics, 19(2):211-240.

PLOEG F, WITHAGEN C, 2012. Is there really a green paradox? [J]. Journal of Environmental Economics and Management, 64(3):342-363.

PORTER M, CLAAS L, 1995. Green and competitive: ending the stalemate[J]. Harvard Business Review, 73(5):120-134.

POWELL D, 2015. Quantile regression with nonadditive fixed effects [R]. RAND Working Paper. Santa Monica, CA: RAND Corporation.

POWELL D, 2016. Quantile treatment effects in the presence of covariates[R]. RAND Working Paper. Santa Monica, CA: RAND Corporation.

QIU L Y, HE L Y, 2017. Can green traffic policies affect air quality? Evidence from a difference-in-difference estimation in China [J/OL]. Sustainability, 9(6):1067[2017-06-20]. https://doi.org/10.3390/su9061067.

RANDY B, HENDERSON V, 2000. Effects of air quality regulations on polluting industries[J]. Journal of Political Economy, 108(2):379-421.

ROBERTS M J, SPENCE M, 1976. Effluent charges and licenses under uncertainly[J]. Journal of Public Economics, 5(3/4):193-208.

ROSENBAUM P R, RUBIN D B, 1983. The central role of the propensity score in observational studies for causal effects[J]. Biometrika, 70:41-55.

RYU J, KIM J J, BYEON H, et al., 2019. Removal of fine particulate matter ($PM_{2.5}$) via atmospheric humidity caused by evapotranspiration[J]. Environmental Pollution, 245:253-259.

SABUJ K M, 2010. Do undesirable output and environmental regulation matter in energy efficiency analysis? Evidence from Indian cement industry [J]. Energy Policy, 38:6076-6083.

SCHNEIDER D,1978. The carrying capacity concept as a planning tool [M]. Chicago:American Planning Association.

SCHOU P,2000. Polluting non-renewable resources and growth[J]. Environmental and Resource Economics,16:211-227.

SCHOU P,2002. When environmental policy is superfluous:growth and polluting resources[J]. Journal of Economics,104(4):605-620.

SEIDL I, TISDELL C, 1999. Carrying capacity reconsidered: from Malthus' population theory to cultural carrying capacity [J]. Ecological Economics,31(3):395-408.

SHI C C, GUO F, SHI Q L, 2019. Ranking effect in air pollution governance: evidence from Chinese cities [J]. Journal of Environmental Management,251:109600[2020-11-30]. https://doi.org/10.1016/j.jenvman.2019.109600.

SINN H, 2008. Public policies against global warming: a supply side approach[J]. International Tax Public Finance,15 (4):360-394.

STERN D I, 2002. Explaining changes in global sulfur emissions: an econometric decomposition[J]. Ecological Economics,42(1/2):201-220.

STIGLER G J,1971. The theory of economic regulation[J]. Journal of Economics and Management Science,2(1):3-21.

SUN C W, ZHANG W Y, LUO Y, et al., 2019. The improvement and substitution effect of transportation infrastructure on air quality:an empirical evidence from China's rail transit construction [J]. Energy Policy, 129: 949-957.

TANAKA S,2015. Environmental regulations on air pollution in China and their impact on infant mortality[J]. Journal of Health Economics,42(3): 90-103.

THISTLETHWAITE D L, CAMPBELL D T, 1960. Regression-discontinuity analysis:an alternative to the ex-post facto experiment[J]. Journal of Educational Psychology,51(6):309-317.

TIAN H, HAO J, HU M, et al., 2007. Recent trends of energy consumption and air pollution in China[J]. Journal of Energy Engineering, 133(1):4-12.

TISDELL C A, 1999. Biodiversity, conservation and sustainable development:principles and practices with Asian examples[M]. Cheltenham: Edward Elgar Publishing Ltd.

VALERIA C,FRANCESSO C,2008. Environmental regulation and the export dynamics of energy technologies [J]. Ecological Economics, 66: 447 – 460.

WAGGONER P E, 2004. Agricultural technology and its societal implications[J]. Technology in Society(26):123 – 136.

WANG K, YAN M Y, WANG Y W, et al. , 2020. The impact of environmental policy stringency on air quality [J/OL]. Atmospheric Environment,231(6):117522 [2021 – 10 – 20]. https://doi.org/10.1016/j.atmosenv.2020.117522.

WANG Q S, YUAN X L, ZHANG J, et al. , 2015. Assessment of the sustainable development capacity with the entropy weight coefficient method[J]. Sustainability,7:13542 – 13563.

WANG S F,XU L,GE S J,et al. ,2020. Driving force heterogeneity of urban $PM_{2.5}$ pollution:evidence from the Yangtze River Delta,China[J/OL]. Ecological Indicators,113:106210[2022 – 02 – 12]. https://doi.org/10.1016/j.ecolind.2020.106210.

WANG S, XU L, YANG F L, et al. , 2014. Assessment of water ecological carrying capacity under the two policies in Tieling City on the basis of the integrated system dynamics model [J]. Science of the Total Environment,472:1070 – 1081.

WANG S J,ZHOU C S,WANG Z B,et al. ,2017. The characteristics and drivers of fine particulate matter ($PM_{2.5}$) distribution in China[J]. Journal of Cleaner Production,142:1800 – 1809.

WITHAGEN C, 1994. Pollution and exhaustibility of fossil fuels[J]. Resource and Energy Economics,16:235 – 242.

XIA Y Q, XU M S, 2012. A 3E model on energy consumption, environment pollution and economic growth: an empirical research based on panel data[J]. Energy Procedia,16:2011 – 2018.

XU B,LIN B,2016. Regional differences of pollution emissions in China: contributing factors and mitigation strategies [J]. Journal of Cleaner Production,112(4):1454-1463.

YAN D,REN X H,KONG Y,et al. ,2020. The heterogeneous effects of socioeconomic determinants on $PM_{2.5}$ concentrations using a two-step panel quantile regression [J]. Applied Energy, 272: 115246 [2022-01-12]. https://doi.org/10.1016/j.apenergy.2020.115246.

YORK R,ROSA E A,DIETZ T,2003. STIRPAT,IPAT and ImPACT: analytic tools for unpacking the driving forces of environmental impacts [J]. Ecological Economic,46(3):351-365.

YORK R, 2007. Demographic trends and energy consumption in European Union Nations, 1960-2025 [J]. Social Science Research, 36 (3): 855-872.

YU S W,AGBEMABIESE L,ZHANG J J,2016. Estimating the carbon abatement potential of economic sectors in China[J]. Applied Energy,165: 107-118.

YUAN X L,MU R M,ZUO J,et al. ,2015. Economic development, energy consumption, and air pollution: a critical assessment in China[J]. Human and Ecological Risk Assessment:An International Journal,21(3):781-798.

ZHANG Q X,ZHANG S L,DING Z Y,et al. ,2017. Does government expenditure affect environment management? Empirical evidence using Chinese city-level data[J]. Journal of Cleaner Production,161:143-152.

ZHANG Q,ZHENG Y X,TONG D,et al. ,2019. Drivers of improved $PM_{2.5}$ air quality in China from 2013 to 2017[J]. Proceedings of the National Academy of Sciences of the United States of America,116(49):24463-24469.

ZHANG X H,ZHANG R,WU L Q,et al. ,2013. The interactions among China's economic growth and its energy consumption and emissions during 1978-2007[J]. Ecological Indicators,24:83-95.

ZHANG X,DU J,HUANG T,et al. ,2017. Atmospheric removal of $PM_{2.5}$ by man-made Three Northern Regions Shelter Forest in Northern China estimated using satellite retrieved $PM_{2.5}$ concentration[J]. Science of the Total

Environment, 593/594: 713 - 721.

ZHANG Y X, XIONG Y L, LI F, et al., 2020. Environmental regulation, capital output and energy efficiency in China: an empirical research based on integrated energy prices[J/OL]. Energy Policy, 146: 111826 [2020 - 10 - 25]. https://doi.org/10.1016/j.enpol.2020.111826.

ZHOU Y, ZHOU J, 2017. Urban atmospheric environmental capacity and atmospheric environmental carrying capacity constrained by GDP - $PM_{2.5}$ [J]. Ecological Indicators, 73: 637 - 652.

ZHU C Y, ZENG Y Z, 2018. Effects of urban lake wetlands on the spatial and temporal distribution of air PM_{10} and $PM_{2.5}$ in the spring in Wuhan[J]. Urban Forestry & Urban Greening, 31: 142 - 156.

ZHU L Y, HAO Y, LU Z N, et al., 2019. Do economic activities cause air pollution? Evidence from China's major cities[J/OL]. Sustainable Cities and Society, 49: 101593 [2020-10-05]. https://doi.org/10.1016/j.scs.2019.101593.

附录

2004—2017年全国各省区市环境吸收能力(EAC)测算结果

EAC

地区	2004年	2005年	2006年	2007年	2008年	2009年	2010年	2011年	2012年	2013年	2014年	2015年	2016年	2017年
北京	0.114 1	0.135 4	0.095 7	0.114 4	0.098 3	0.143 6	0.131 1	0.116 5	0.134 1	0.126 6	0.150 0	0.095 0	0.132 4	0.125 5
天津	0.138 9	0.156 6	0.087 8	0.131 0	0.103 3	0.094 0	0.086 2	0.101 2	0.121 2	0.104 4	0.110 1	0.103 0	0.105 8	0.109 5
河北	0.202 2	0.216 6	0.173 8	0.207 5	0.193 3	0.216 1	0.185 9	0.196 5	0.175 1	0.171 0	0.160 3	0.154 8	0.161 9	0.161 3
山西	0.160 2	0.163 7	0.141 3	0.171 6	0.134 5	0.152 3	0.133 7	0.144 8	0.114 9	0.131 3	0.122 0	0.110 8	0.121 2	0.126 8
内蒙古	0.541 1	0.546 2	0.496 9	0.514 5	0.480 3	0.474 4	0.510 8	0.509 4	0.515 2	0.563 5	0.485 9	0.500 7	0.484 2	0.489 8
辽宁	0.232 2	0.274 3	0.216 0	0.253 2	0.217 8	0.222 5	0.263 3	0.205 2	0.226 3	0.225 4	0.174 4	0.174 9	0.191 3	0.178 0
吉林	0.268 1	0.306 3	0.254 8	0.267 5	0.222 7	0.230 6	0.275 7	0.226 7	0.218 4	0.229 5	0.185 9	0.196 0	0.211 0	0.205 4
黑龙江	0.528 6	0.550 9	0.508 5	0.521 7	0.460 9	0.512 7	0.499 5	0.503 2	0.475 2	0.515 2	0.432 3	0.441 5	0.449 8	0.456 2
上海	0.136 9	0.161 4	0.152 6	0.166 7	0.103 3	0.155 1	0.139 5	0.114 7	0.134 1	0.120 2	0.124 1	0.179 4	0.186 0	0.171 0
江苏省	0.231 6	0.269 5	0.255 8	0.306 9	0.220 9	0.271 4	0.256 7	0.248 1	0.240 9	0.229 0	0.236 5	0.307 1	0.281 4	0.248 4
浙江	0.267 8	0.288 8	0.285 3	0.303 3	0.244 0	0.283 5	0.329 7	0.275 1	0.356 2	0.291 7	0.284 5	0.375 9	0.332 0	0.296 2
安徽	0.224 1	0.246 8	0.238 9	0.271 6	0.215 2	0.235 8	0.262 3	0.226 3	0.232 4	0.226 5	0.246 9	0.266 6	0.298 9	0.260 2
福建	0.290 9	0.387 4	0.430 7	0.357 9	0.312 7	0.296 4	0.359 8	0.284 9	0.400 8	0.309 8	0.334 0	0.361 9	0.435 2	0.320 9
江西	0.372 0	0.442 3	0.437 6	0.424 7	0.372 4	0.376 7	0.495 2	0.343 3	0.484 0	0.367 4	0.401 7	0.463 4	0.425 2	0.395 2
山东	0.234 6	0.255 2	0.201 7	0.253 4	0.199 4	0.219 5	0.215 3	0.206 2	0.166 2	0.184 6	0.158 7	0.164 2	0.161 5	0.167 0

续表

地区	2004年	2005年	2006年	2007年	2008年	2009年	2010年	2011年	2012年	2013年	2014年	2015年	2016年	2017年
河南	0.199 8	0.214 7	0.177 1	0.200 5	0.159 8	0.176 1	0.166 9	0.165 9	0.134 4	0.129 3	0.137 3	0.149 0	0.158 5	0.173 4
湖北	0.324 3	0.307 5	0.257 1	0.335 4	0.280 8	0.303 3	0.311 6	0.268 1	0.310 6	0.296 7	0.272 5	0.317 8	0.302 0	0.304 5
湖南	0.389 7	0.397 9	0.398 9	0.405 2	0.377 8	0.365 4	0.419 4	0.336 0	0.425 2	0.352 5	0.364 9	0.401 6	0.397 8	0.386 1
广东省	0.420 4	0.478 1	0.548 4	0.480 7	0.485 4	0.436 6	0.497 1	0.422 5	0.463 9	0.479 1	0.433 1	0.487 9	0.465 9	0.375 5
广西	0.346 9	0.354 6	0.398 5	0.368 8	0.399 6	0.351 5	0.394 5	0.363 1	0.402 4	0.425 0	0.391 5	0.440 9	0.411 3	0.458 0
海南	0.198 6	0.257 4	0.251 6	0.261 9	0.260 8	0.323 7	0.315 9	0.277 5	0.278 0	0.265 7	0.246 5	0.219 1	0.279 5	0.272 3
重庆	0.235 0	0.188 6	0.169 1	0.262 3	0.261 7	0.221 1	0.194 8	0.179 9	0.210 8	0.202 9	0.231 0	0.221 8	0.204 3	0.221 8
四川	0.475 0	0.452 9	0.426 3	0.473 9	0.445 8	0.439 7	0.457 4	0.452 9	0.462 3	0.485 5	0.437 5	0.444 5	0.409 7	0.436 3
贵州	0.262 7	0.257 4	0.242 6	0.260 0	0.244 7	0.203 3	0.249 7	0.206 0	0.247 9	0.212 7	0.284 1	0.273 9	0.243 7	0.262 7
云南	0.439 7	0.376 2	0.394 1	0.471 5	0.410 2	0.355 8	0.382 6	0.365 3	0.378 6	0.385 1	0.388 3	0.429 6	0.419 5	0.444 8
西藏	0.840 4	0.794 3	0.763 1	0.791 8	0.744 3	0.718 5	0.711 0	0.781 9	0.684 3	0.729 3	0.719 5	0.706 8	0.690 6	0.729 5
陕西	0.204 2	0.231 2	0.179 3	0.247 7	0.186 1	0.214 2	0.202 9	0.232 1	0.174 3	0.177 1	0.171 1	0.162 9	0.153 1	0.200 6
甘肃	0.164 2	0.200 8	0.159 8	0.195 4	0.153 6	0.160 4	0.167 3	0.187 1	0.164 5	0.180 1	0.166 8	0.166 5	0.170 2	0.183 6
青海	0.397 7	0.430 3	0.365 8	0.425 8	0.358 8	0.413 6	0.387 4	0.395 5	0.475 6	0.475 5	0.447 8	0.440 5	0.440 0	0.470 7
宁夏	0.109 8	0.110 8	0.095 4	0.124 7	0.108 3	0.108 4	0.101 7	0.093 0	0.089 8	0.096 7	0.090 8	0.083 6	0.096 4	0.104 3
新疆	0.270 0	0.283 1	0.247 4	0.288 1	0.211 8	0.258 6	0.260 3	0.276 6	0.321 0	0.343 9	0.302 7	0.336 8	0.317 2	0.325 4